"十三五"高等学校规划教材

大学计算机基础项目化教程

主　编　于小川　蒋　萍　庞　康

副主编　莫晓宇　刘灿锋　左倪娜　梁小宇

主　审　黄艳琼

U0310516

中国铁道出版社有限公司
CHINA RAILWAY PUBLISHING HOUSE CO., LTD.

内 容 简 介

本书以微型计算机为基础,全面系统地介绍了计算机基础知识及其基本操作。全书分为基础篇和应用篇两部分,共六个项目。基础篇包括初识计算机系统、了解网络技术与安全知识,应用篇包括使用 Word 2013 制作文档、使用 Excel 2013 制作电子表格、使用 PowerPoint 2013 制作演示文稿、学习 Access 数据库。

本书采用任务驱动的项目教学模式,将每个项目分解为多个任务,便于学生明确学习目的,快速掌握理论知识和操作技能。在每个任务中都包含一个或多个针对性、实用性都很强的教学案例,将知识点融入教学案例中。此外,本教程还编写了与之配套的实训教材《大学计算机基础项目化实训》,供学生课余实训、练习使用,满足课程整体教学需要。

本书可作为"大学计算机基础"课程的配套教材,也可供广大初、中级计算机爱好者自学使用。

图书在版编目(CIP)数据

大学计算机基础项目化教程/于小川,蒋萍,庞康主编.—北京:中国铁道出版社有限公司,2020.9(2024.9 重印)

"十三五"高等学校规划教材

ISBN 978-7-113-27160-2

Ⅰ.①大… Ⅱ.①于… ②蒋… ③庞… Ⅲ.①电子计算机 – 高等学校 – 教材 Ⅳ.①TP3

中国版本图书馆 CIP 数据核字(2020)第 147399 号

书　　名:大学计算机基础项目化教程
作　　者:于小川　蒋　萍　庞　康

策　　划:王春霞　尹　鹏　　　　　　　　　　编辑部电话:(010)63551006
责任编辑:王春霞　许　璐
封面设计:刘　颖
责任校对:张玉华
责任印制:樊启鹏

出版发行:中国铁道出版社有限公司(100054,北京市西城区右安门西街 8 号)
网　　址:https://www.tdpress.com/51eds/
印　　刷:三河市宏盛印务有限公司
版　　次:2020 年 9 月第 1 版　2024 年 9 月第 3 次印刷
开　　本:850 mm×1 168 mm 1/16　印张:14.25　字数:337 千
书　　号:ISBN 978-7-113-27160-2
定　　价:39.80 元

前　言

当前,计算机的各种应用已经渗透到社会的各个领域,正在迅速地改变着人们的工作、学习和生活方式。熟练操作计算机、掌握计算机的应用技术已成为当下大学生必备的基本能力。

大学计算机应用基础作为高校的一门公共基础必修课,其意义深远。随着计算机硬件和软件技术的飞速发展,计算机应用基础课程的教学内容和教学方式已发生了很大的变化。本书结合当前计算机与信息技术的发展现状,根据教育部对计算机应用基础教学的最新指导精神编写。全书分为基础篇和应用篇两个部分,共六个项目,内容包括初识计算机系统、了解网络技术与安全知识、使用 Word 2013 制作文档、使用 Excel 2013 制作电子表格、使用 PowerPoint 2013 制作演示文稿和学习 Access 数据库。

本书特色:

(1)采用任务驱动的项目教学模式,将每个项目分解为多个任务,大部分任务包含"任务描述""任务要求""相关知识"和"任务实现"几个部分,便于学生明确学习目的,快速掌握理论知识和操作技能。

(2)内容丰富,实用性强。在每个任务中都包含一个或多个针对性、实用性都很强的教学案例,将知识点融入教学案例中,从而让学生在完成任务的过程中轻松掌握相关知识。此外,还编写了与之配套的实训教材《大学计算机基础项目化实训》,供学生课余实训、练习使用,满足课程整体教学需要。

本书由多年从事计算机基础课程教学、具有丰富教学实践经验的教师集体编写,几易其稿,先后多次召开提纲研讨会、书稿讨论会和审定会,并广泛征求各级学者、专家的建议和意见。

本书由于小川、蒋萍、庞康任主编,莫晓宇、刘灿锋、左倪娜、梁小宇任副主编,杨丽丽、李翠、曹科、李刚、陈雅、何力参加编写,全书由黄艳琼主审。具体分工如下:蒋萍、梁小宇、黄艳琼编写项目一;莫晓宇、杨丽丽编写项目二;庞康、左倪娜编写项目三;庞康、李翠编写项目四;刘灿锋、曹科编写项目五;李刚、陈雅、何力编写项目六。全书由于小川统稿

并担任第一主编，蒋萍、庞康为教材组稿、设计做了大量卓有成效的工作，黄艳琼审阅了书稿并提出了很多宝贵意见，担任本书主审。

在本书的编写过程中，编者放弃了许多休息时间，查阅资料、构思布局、相互支持、精益求精，充分体现了学术上的严谨和求真务实的作风，为本书的质量提供了重要的保证。

本书配有精心制作的教学课件，并且书中用到的全部素材和制作的全部实例都已整理和打包，读者可以登录网站 http://www.tdpress.com/51eds/下载。

由于编者水平有限，尽管在编写时已做了很大的努力，但书中仍可能存在不妥之处，欢迎读者批评指正。

编　者

2020 年 6 月

目 录

第一部分 基 础 篇

项目一 初识计算机系统 … 2

任务 1 初识计算机 …………… 3

任务 2 计算机的系统组成 …… 7

任务 3 计算机信息表示
与存储 ………… 15

任务 4 认识 Windows 10 操作
系统 ………… 20

任务 5 定制 Windows 10 工作
环境 ………… 24

任务 6 管理文件和文件夹 ……… 27

任务 7 管理软硬件资源 ………… 34

任务 8 认识多媒体技术 ………… 48

**项目二 了解网络技术
与安全知识 ……… 52**

任务 1 认识计算机网络 ………… 52

任务 2 认识及应用 Internet … 60

任务 3 防护 PC ………… 67

任务 4 认识 IT 新技术 ………… 71

第二部分 应 用 篇

**项目三 使用 Word 2013
制作文档 ………… 81**

任务 1 编辑文档——主题班会
会议记录 …………… 81

任务 2 美化文档——设计电子
杂志 ………… 96

任务 3 邮件合并——制作活动
邀请函 ………… 110

任务 4 编辑表格——制作行政
处罚审批表 ………… 115

任务 5 高级排版——排版与打印
毕业论文 ………… 122

**项目四 使用 Excel 2013
制作电子表格 …… 130**

任务 1 制作学生期末成绩表 …… 131

任务 2 编辑学生成绩表 ………… 141

任务 3　插入函数 ……………… 151

任务 4　数据管理 ……………… 157

任务 5　使用图表 ……………… 161

项目五　**使用 PowerPoint 2013 制作演示文稿** …………… **166**

任务 1　创建演示文稿 ……… 166

任务 2　设计演示文稿 ……… 177

任务 3　编辑演示文稿 ………… 184

任务 4　设计演示文稿动画效果 … 192

任务 5　放映与输出演示文稿 … 201

项目六　**学习 Access 数据库** …………… **207**

任务 1　了解关系数据的基本概念 和 Access 2013 软件的 基本操作 …………… 207

任务 2　创建 Access 数据库 和表格 …………… 212

任务 3　创建与使用查询 ……… 219

第一部分

基础篇

项目一

初识计算机系统

项目引言

计算机是一种能够按照程序运行,自动、高速处理海量数据的现代化智能电子设备,它是 20 世纪人类最伟大的发明创造之一。随着计算机科学技术的飞速发展,计算机已渗透到社会的各个领域,极大地改变着人们的生活方式和工作方式,并成为推动社会发展的巨大生产力。本项目将通过 8 个任务,带领大家了解计算机的基础知识、Windows 10 操作系统及管理文件、软硬件资源等相关知识,为后面项目的学习奠定基础。

学习目标

- 认识计算机的发展。
- 了解计算机中信息的表示和存储。
- 认识 Windows 10 操作系统。
- 管理计算机中的软硬件资源。
- 认识多媒体技术。

关键知识点

- 了解计算机的发展。
- 了解数制之间的转换。
- 了解 Windows 10 操作系统及其基本操作。
- 文件及文件夹的相关操作。
- 管理软件资源。
- 认识多媒体技术。

任务1　初识计算机

任务描述

　　从像房子一样大的第一台计算机到现今便携式的掌上电脑,计算机的发展究竟经历了怎样的历程? 计算机的内在物件、科技含量究竟发生了怎样翻天覆地的变化? 从简单的计算到覆盖全球经济社会、生产生活,计算机究竟带给世界及人类怎样颠覆式的改变? 下面让我们一起走进精彩的计算机世界。

任务要求

　　本任务要求了解计算机的诞生及发展过程,认识计算机的分类、特点,了解计算机的应用及其发展趋势。

相关知识

(一)了解计算机诞生及发展

　　计算机是一种能够按程序快速、自动地进行信息处理的电子设备。它是 20 世纪最伟大的科学成就之一,它的出现给人类社会的各个领域带来了一场深刻的技术革命,极大地推动了社会信息化发展。

　　1946 年,由美国宾夕法尼亚大学的莫克利(John W. Mauchly)和艾克特(J. Presper Eckert)等人研制了世界上第一台通用计算机"ENIAC"(见图 1-1)。这台计算机由 18 000 个电子管组成,占地面积约 170 m^2,重约 30 t,耗电功率约 150 kW,运行速度为每秒 5 000 次,这在现在看来微不足道,但在当时却是破天荒的。自第一台计算机诞生以来,在短短 70 多年中,计算机技术有了突飞猛进的发展。计算机已成为当今世界上最重要、最先进的一种计算和控制工具之一。目前,计算机已经深入人们生活的绝大部分领域。

图 1-1　第一台电子计算机 ENIAC

随着计算机所采用的物理元件的发展,计算机经历了电子管、晶体管、集成电路、大规模集成电路和超大规模集成电路这几个发展过程。

1. 第一代计算机(1946—1958 年)

计算机的发展主要按照计算机的组成部件进行划分,第一代计算机以电子管为主要电子元件。其特点是:速度慢、体积大、耗电多、发热量大、可靠性差、存储容量小、价格贵、维修复杂,故普及率低。第一代计算机主要用于军事和科学计算。

2. 第二代计算机(1958—1965 年)

第二代计算机以晶体管为主要电子元件,故又称晶体管数字计算机。与第一代计算机相比,其体积、成本有了降低,功能、可靠性等有了较大的提高,出现了 FORTRAN、COBOL 和 ALGOL 等高级程序设计语言。计算机应用领域除科学计算外,在数据和事务处理等方面都得到了广泛应用,并且开始应用于工业控制。

3. 第三代计算机(1965—1970 年)

第三代计算机以中、小规模集成电路为主要电子元件,运算速度可达每秒几百万次,甚至几千万次,存储容量更大、体积更小、成本更低,计算机开始向标准化、多样化、通用化和系列化方向发展。在软件上,操作系统更加完善,计算机不仅应用于工程和科学计算,还和其他技术结合应用到文字处理、企业管理、自动控制等领域。应用领域开始进入文字处理和图形图像处理领域。

4. 第四代计算机(1970 年至今)

第四代计算机的主要逻辑元件由大规模集成电路(Large-Scale Integrated circuit, LSI)和超大规模集成电路(Very Large Scale Integration, VLSI)组成。软件方面出现了数据库管理系统、面向对象语言等。其特点是发展更加成熟,有了完善的操作系统,微型计算机体积小、价格便宜、使用方便,但它的功能和运算速度已经达到甚至超过了过去的大型计算机。第四代计算机从科学计算、事务管理、过程控制等领域逐步走向家庭领域。

2019 年 11 月,全球超级计算机 500 强榜单正式发布了。据榜单来看,中国超级计算机上榜数量蝉联第一,美国超级计算机"顶点"以每秒 14.86 亿亿次的浮点运算速度再次登顶,亚军是美国能源部下属劳伦斯利弗莫尔国家实验室开发的"山脊",中国超级计算机"神威·太湖之光"和"天河二号"位列第三、第四。

提示:说到计算机的发展,就不能不提到美国科学家冯·诺依曼。20 世纪 30 年代中期,冯·诺依曼提出了电子计算机存储程序的理论。直到今天,计算机内部依然采用这种机制。

(二)计算机的分类、特点

计算机的种类非常多,划分的方法也有很多种。按计算机的用途可将其分为专用计算机和通用计算机两种。专用计算机一般功能单一,操作复杂,用于完成特定的工作任务,如计算导弹弹道的计算机等。通用计算机具有功能强、兼容性强、操作方便、应用面广等优点,广泛适用于一般科学计算、工程设计、学术研究和数据处理等领域,目前市场上销售的计算机大多属于通用计算机。

按计算机的性能、规模和处理能力,可将计算机分为巨型计算机、大型计算机、中型计算机、小型计算机、微型计算机五类。

1. 巨型计算机

巨型计算机也称超级计算机或高性能计算机，它的特点是运算速度快，处理能力超强，每秒可达百亿次以上，主要用于军事、空间技术、科研、核武器、石油勘探等领域。我国自主研发的银河Ⅰ型亿次机、银河Ⅱ型十亿次机、"神威·太湖之光"都是巨型机。其中"神威·太湖之光"（见图 1-2）于 2016 年推出，以每秒 12.5 亿亿次的峰值计算能力以及每秒 9.3 亿亿次的持续计算能力，曾荣获全球超级计算机"三连冠"排名。

2. 大型计算机

大型计算机的特点表现在运算速度快、存储量大、通用性强、性能覆盖面广等，主要应用在大型企业、银行、政府部门等，通常人们称大型机为企业计算机。目前，生产大型主机的公司主要有 IBM 等，如图 1-3 所示。

图 1-2 "神威·太湖之光"超级计算机

图 1-3 IBM 大型机

3. 中型计算机

中型计算机是介于大型计算机和小型计算机之间的一种机型，其特点是处理能力强，常用于中小型企业和公司。

4. 小型计算机

小型计算机具有规模较小、结构简单，成本低、维护方便等优点。由于可靠性高、对运行环境要求低、易于操作且便于维护，小型计算机通常为中小型企事业单位所用。

5. 微型计算机

微型计算机又称个人计算机（Personal Computer，PC），它是日常生活中使用最多、最普遍的计算机，具有价格低廉、性能强、体积小、功耗低等特点。微型计算机又可以分为台式机和便携机（笔记本式计算机）两大类。现在微型计算机已经进入千家万户，成为人们工作、生活的重要工具。图 1-4 所示为常用的微型计算机，左图是台式计算机，右图是笔记本式计算机。

提示：工作站是一种高端的通用微型计算机，它可以提供比个人计算机更强大的功能，通常配有高分辨率的大屏幕显示器及容量很大的内存储器和外存储器，主要面向专业应用领域，具备强大的数据运算与图形、图像处理能力。工作站主要是为满足工程设计、动画制作、科学研究、软件开发、金融管理、信息服务、模拟仿真等专业领域而设计开发的高性能计算机。

图1-4 常用的微型计算机

(三)计算机的应用

随着计算机网络的迅速发展,计算机不断普及,信息资源日益丰富,使得计算机的应用领域已渗透到社会的各行各业,逐渐改变着传统的工作、学习和生活方式。计算机的主要应用领域如下。

1. 科学计算

科学计算即通常所说的数值计算,它是计算机最早的应用领域。科学计算所解决的大多是从科学研究和工程技术中提出的一系列复杂的数学问题的计算,这类计算往往公式复杂、难度很大,用一般计算工具难以完成,而用计算机来处理却非常容易。例如,人造卫星轨迹的计算,火箭、宇宙飞船的研究设计,天气和地震预报都离不开计算机的精确计算。

2. 数据处理

数据处理又称信息处理,主要是对各种数据进行收集、分类、存储、加工、统计、利用、计算、传输等一系列活动的统称。目前计算机的信息处理应用已非常普遍,如人事管理、财务管理、库存管理、图书资料管理等。信息处理已成为当代计算机的主要任务,它极大地提高了管理效率与管理水平。

3. 自动控制

自动控制是指利用计算机对某一过程进行自动操作的行为。它无须人工干预,能按照人类预定的目标和状态进行过程控制。所谓过程控制,是指计算机对操作数据进行实时采集、检测、处理和判断,并按最佳方式对被控制对象进行调节的过程。目前,计算机被广泛用于石油化工业、医药工业、交通、国防和航空航天等领域,人造卫星飞行器的控制、无人驾驶飞机都是靠计算机实现的。

4. 计算机辅助系统

计算机辅助系统是指利用计算机帮助人们完成各种任务,主要包括计算机辅助设计(Computer Aided Design,CAD)、计算机辅助制造(Computer Aided Manufacturing,CAM)、计算机辅助教学(Computer Aided Instruction,CAI)和计算机辅助测试(Computer Aided Testing,CAT)等。

5. 人工智能

1956年,人工智能(Artificial Intelligence,AI)这一学科被正式提出,是指让计算机模拟人类的某些智能活动,使其具有人的感知能力、思维能力、判断分析能力,能够看、听,并自动学习知识。目前,人工智能已深入人们的生活,比如在人脸识别、智能导航、医疗诊断、无人驾驶汽车、语言翻译、智能机器人等方面,都已有了显著的成效。

6. 多媒体应用

多媒体(Multimedia)是文本、图形、图像、音频、动画和影片等各种媒体的组合物。近年来,多媒体技术拓宽了计算机的应用领域,被广泛应用于医疗、教育、商业、军事、广播和出版等领域。

7. 网络应用

计算机网络是利用通信设备和线路将地理位置不同、功能独立的多个计算机系统互联起来,实现网络资源共享和信息传递。它的出现给人们的工作、生活带来了极大的方便与快捷,利用互联网可以进行网上购物、信息浏览、阅读书报、信息检索、收发电子邮件,以及实现远程医疗服务等。

提示:计算机相关的技术研究称为计算机科学,以数据为核心的研究称为信息技术。人们把没有安装任何软件的计算机称为裸机。随着科技的发展,现在出现了一些新型计算机,包括生物计算机、光子计算机、量子计算机等。

任务2　计算机的系统组成

任务描述

随着计算机的普遍应用,人们的生活已经离不开计算机的使用。作为新时代的大学生,小张在步入大学之前就已经经常使用计算机进行学习、娱乐、生活,但计算机的功能仅限于此吗? 计算机的硬件构造是怎样的? 计算机的软硬件程序都有哪些呢?

任务要求

本任务要求了解计算机工作的基本原理,认识计算机的系统组成,掌握计算机的软硬件知识。

相关知识

(一)了解计算机的工作原理

计算机之所以能高速、自动地进行各种操作,一个重要的原因就是采用了冯·诺依曼提出的存储程序和过程控制的思想。尽管各种计算机在性能和用途等方面都有所不同,但其基本结构都遵循冯·诺依曼体系结构,因此人们便将符合这种设计的计算机称为冯·诺依曼型计算机。

1. 结构体系

冯·诺依曼体系结构的计算机主要是由运算器、控制器、存储器、输入设备和输出设备5个部分组成。存储器能存储数据和指令;控制器能自动执行指令;运算器可以进行加、减、乘、除等基本运算;操作人员可以通过输入、输出设备与主机进行通信。计算机工作原理如图1-5所示。

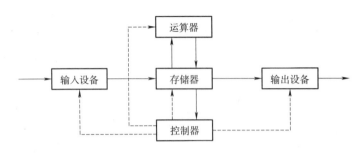

图 1-5 计算机工作原理示意图

2. 工作原理

计算机的工作原理是:将事先编制好的程序通过输入设备输送到计算机内存中,运算器通过算数运算与逻辑运算执行程序中的各个指令与程序,控制器协调各个指令按照程序中规定的次序和步骤有效运行,最后将处理结果通过输出设备输出。

(二)认识计算机的系统组成

计算机系统由硬件系统和软件系统两大部分组成。硬件系统是组成计算机的所有电子器件、电子线路和机械部件。以台式计算机为例,它包括主机、显示器、键盘和鼠标等设备,计算机软件指在计算机中运行的各种程序及其处理的数据和相关文档,没有安装任何软件的计算机通常称为"裸机"。

计算机硬件和软件相辅相成,缺一不可,共同构成了一个完整的计算机系统。计算机系统的组成如图 1-6 所示。

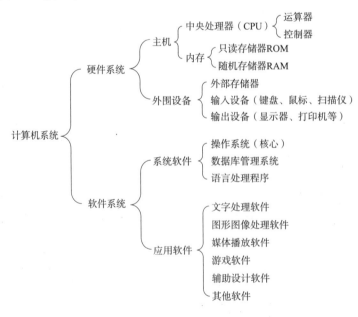

图 1-6 计算机系统组成示意图

(三)认识计算机的硬件组成

计算机硬件系统由运算器、控制器、存储器、输入设备和输出设备五个部分组成。它包括计算机的主机和外围设备,常见的外围设备有显示器、键盘、鼠标、打印机、图像扫描仪、语音输入和输出设备等。主机是计算机硬件系统的核心。在主机机箱的前后面板上通常会配置一些设备接口、按键和指示灯等,如图 1-7 所示。虽然主机机箱的外观样式千变万化,但这些设备接口、按键和指示灯的功能大同小异。在主机的内部包含主板、CPU、内存、显卡、电源、硬盘和光驱等部件,它们共同决定了计算机的性能,下面将按类别分别对计算机的主要硬件进行详细介绍。

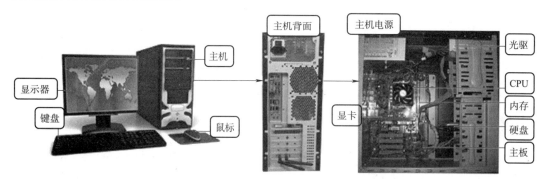

图 1-7　计算机的外观组成和主机内部硬件

1. 主板

主板又称主机板(Main board)、系统板(System board)或母板(Mother board),它安装在机箱内,是计算机最基本、最重要的部件之一。主板上通常安装有 CPU 插槽、内存插槽、ATX 电源接口、连接 SATA 硬盘的 SATA 接口、用来连接显卡等设备的 PCI 扩展槽、显示器信号接口、USB 接口、RJ-45 网络接口、音源输入/输出插孔及麦克风插孔、键盘/鼠标插孔等,如图 1-8 所示。

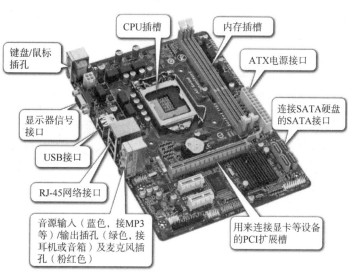

图 1-8　主板

简单来说,主板就是一个承载 CPU、显卡、内存、硬盘等全部设备的平台,并负责数据的传输、电源的供应等。

提示:主板上的插槽包括内存插槽、CPU 插槽和各种扩展插槽,主要用于安装能够进行插拔的配件,如内存条、显卡和声卡等。

2. CPU

CPU(Central Processing Unit)又叫中央处理器,由控制器和运算器组成,虽然只有火柴盒那么大,几十张纸那么厚,但它却是计算机的指挥和运算中心,相当于人的大脑,负责整个系统的协调、控制及运算,如图 1 - 9 所示。

对于 CPU 而言,影响其性能的指标主要有主频、CPU 的位数以及 CPU 的缓存指令集。所谓 CPU 的主频,直接决定了 CPU 的性能,要想 CPU 的性能得到很好的提高,提高 CPU 的主频是一个很好的途径。主频越高,计算机运算速度越快。而 CPU 的位数指处理器能够一次性计算的浮点数的位数,通常情况下,CPU 的位数越高,CPU 进行运算时的速度就会变得越快。而 CPU 的缓存指令集是存储在 CPU 内部的,主要指能够对 CPU 的运算进行指导及优化的硬程序。

3. 存储器

存储器(Memory)主要用来存放程序和数据。计算机中的全部信息,包括输入的原始数据、计算机程序、中间运行结果和最终运行结果都保存在存储器中。计算机中的存储器包括内存储器和外存储器。

1)内存储器

内存储器简称内存,根据其功能又分为只读存储器(Read Only Memory,ROM)和随机(读写)存储器(Random Access Memory,RAM)。只读存储器是用户只能读(使用)而不能写入信息的存储器,即使断电,数据也不会丢失,如 BIOS ROM。通常所说的内存(见图 1 - 10)便是随机存储器,它的特点是既可以从中读取数据,也可以写入数据,主要用于临时存储程序和数据,关机后在其中存储的信息会自动消失。要想永久保存信息,必须将信息存到外存中,外存属于外围设备的一部分。

图 1 - 9　CPU

图 1 - 10　内存

内存是计算机中最重要的部件之一,它是与 CPU 进行沟通的桥梁,其主要指标就是内存的存储容量。内存容量的大小直接关系到整个系统的性能,在其他配置相同的条件下内存越大,机器性能也就越高。目前市场上计算机内存的配置越来越大,一般都在 1GB 以上,更有 2 GB、4 GB、6 GB、8 GB、16 GB 甚至更大内存的计算机。

2)外存储器

外存储器简称外存,是指除计算机内存及 CPU 缓存以外的存储器,此存储器一般断电后仍然能保存数据,常见的外存储器有硬盘、光盘、可移动存储器(如 U 盘等)。

硬盘是计算机不可或缺的硬件之一,固定在主机机箱内,在计算机中起着存储的作用。硬盘和光盘是 PC 的外存储器,属于外围设备,必须通过驱动器控制卡与主机连接。与内存储器不同的是,硬盘驱动器的信息在关闭主机电源后仍然可以保存。目前主流的硬盘驱动器分为 3 种:传统的机械式硬盘(Hard Disk Drive,HDD)、固态硬盘(Solid State Drives,SSD)和两者混合的混合硬盘。

机械硬盘由硬盘片、驱动器机械装置和控制电路组成。目前,硬盘的容量从 320 GB 到 4 TB 不等。固态硬盘主要参数是读写速度,固态硬盘的读写速度比机械硬盘的高几倍,但是价格也高。品牌和读写速度不同,价格也会不同。

混合硬盘是一块基于传统机械硬盘诞生出来的新硬盘,除了机械硬盘必备的碟片、马达、磁头等,还内置了 NAND 闪存颗粒,这颗颗粒将用户经常访问的数据进行存储,可以达到如 SSD 效果的读取性能。目前市场上主流的硬盘品牌有西部数据、希捷、英特尔、金士顿等。这 3 种不同的硬盘如图 1 – 11 所示。

3)光盘

常见的光盘分为 CD 和 DVD 两种类型。目前,CD 光盘的容量一般为 700 MB,DVD 光盘的容量一般为 4.7 GB 或更大。根据其使用特点,光盘又分为只读光盘和刻录光盘两种类型。只读光盘(CD-ROM 和 DVD-ROM)只能从中读取信息而不能写入信息;刻录光盘分为一次性写入光盘(如 CD-R 和 DVD-R)和可擦写光盘(如 CD-RW 和 DVD-RW),用户可将信息刻录(写入)到此类光盘中。其中可擦写光盘可多次擦除和写入信息的光驱又称光盘驱动器,用来读取或写入光盘数据,我们也将能刻录光盘的光驱称为刻录机。计算机用来读写光盘内容的机器称为光驱,又称光盘驱动器,也是台式机和笔记本便携式计算机里比较常见的一个部件,如图 1 – 12 所示。

图 1 – 11 HDD、SSD 和混合硬盘对比图

图 1 – 12 光驱

4)移动存储器

常见的移动存储器有 U 盘和移动硬盘,如图 1 – 13 所示(左图为 U 盘,右图为硬盘)。

它们都通过 USB 接口与主机连接,可以即插即用,不用时可以拔下。

图 1-13　U 盘和移动硬盘

U 盘也称闪盘,是一种可读、写的半导体存储器,体积小、重量轻、容量较大、数据保存安全。

移动硬盘采用固定硬盘技术,移动硬盘的特点是:大容量、高速度、轻巧便捷、安全易用,缺点是怕振动。目前存储容量可达 4 TB 甚至更高。移动硬盘适合需要复制海量数据的场合。

5)输入设备

输入设备是向计算机输入数据和信息的设备(见图 1-14)。是用户和计算机系统之间进行信息交换的主要装置之一。键盘、鼠标、扫描仪、摄像头、手写输入板、光笔、语音输入装置等都属于输入设备。下面介绍两种常用的输入设备。

(1)键盘。键盘是最常见的计算机输入设备,通过键盘可以将字母、数字、标点符号等输入计算机中,从而向计算机发出命令,输入中西文字和数据。

键盘与主机的接口有多种形式,一般采用 PS/2 接口或 USB 接口,无线键盘采用无线接口,它与主机之间没有直接的物理连线,而是通过红外线或无线电波将输入信号传送到主机上安装的专用接收器,使用起来灵活方便。

(2)鼠标。鼠标是一种手持式屏幕坐标定位设备(见图 1-15),它是为适应菜单操作的软件和图形处理环境而出现的一种输入设备,特别是现今流行的 Windows 图形操作系统环境下应用鼠标方便快捷。常用的鼠标有两种:机械式鼠标、光电式鼠标。

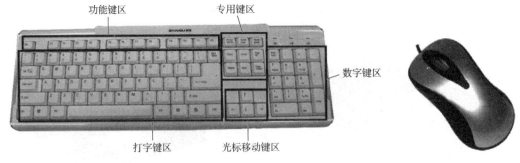

图 1-14　键盘　　　　　　　　　　　　　　　图 1-15　鼠标

6)输出设备

输出设备是计算机硬件系统的终端设备,用于接收计算机数据的输出显示、打印、声音、控制外围设备操作等。也是把各种计算结果数据或信息以数字、字符、图像、声音等形式表现出来。常用的输出设备有显示器、打印机、绘图仪等。输入设备和输出设备一起称为计算机的外围设备,有的设备既是输入设备又是输出设备,如硬盘驱动器。

(1)显示器。显示器是计算机最重要的输出设备,它在屏幕上反映了使用者操作键盘和鼠标的情况,以及程序运行过程和结果等。显示器通过数据线连接在显卡的 DVI、HDMI或 DP 接口上。常用的显示器主要有两种:阴极射线管显示器(Cathode Ray Tube,CRT)和液晶显示器(Liquid Crystal Display,LCD),如图 1 – 16 所示。

图 1 – 16　显示器

显示器与主机相连必须配置适当的显示适配器,即显卡。显示器的主要指标:

①分辨率,分辨率指屏幕横向和纵向显示的点(像素)数,分辨率越高显示的内容越清晰。

②色彩深度,指在一点上表示色彩的二进制位数(bit),有 16 位、32 位等。位数越多,色彩变化越多,层次越丰富,图像越精美,但是需要使用的显示缓冲区(显存)也越大。

③屏幕尺寸,指屏幕对角线的长度。有 19 英寸、22 英寸、24 英寸、27 英寸和 29 英寸等几种。屏幕尺寸越大,其显示的图像尺寸也越大,但是不等于图像越精美。

只有分辨率高的显示器才有精美、清晰的画面。屏幕尺寸和分辨率这两个指标需要适当搭配。

(2)打印机。打印机是计算机的另一种基本输出设备,通过并行打印接口或 USB 接口与主机相连接。可以将用户编排好的文档、表格及图像等内容输出到纸张上。PC 可以配置的打印机种类很多,目前打印机主要分为针式打印机、喷墨打印机和激光打印机三种类型(见图 1 – 17)。

图 1 – 17　针式打印机、激光打印机、喷墨打印机

针式打印机是早期的机械式打印机,使用打印针撞击色带,从而将色带上的墨水印在纸上。其优点是价格便宜、耗材成本低,可以多层套打,但打印质量不高,工作噪声大,常见在银行、超市打印票单所用。激光打印机打印速度快、噪声低、性价比高,也有彩色激光打印机,所用硒鼓使用时间长,但价格很贵。喷墨打印机较便宜,但所用耗材(墨水)较贵。一般家用和办公所用多为激光打印机,其接口多使用并行接口或 USB 接口。

提示：硬盘虽然是密闭在主机箱内，但是使用不当也可能使硬盘受到严重的损坏，尤其是当计算机正在存取硬盘时，千万不能移动计算机或是将电源关掉，否则磁道十分容易受损。

（四）认识计算机的软件系统

计算机软件包括了使计算机运行所需的各种程序、数据及有关的文档资料。软件是计算机的灵魂，是计算机具体功能的体现，为了保证计算机能正常工作，就必须在计算机中安装相应的软件。一台没有安装软件的计算机无法完成任何有实际意义的工作。

计算机软件主要分为系统软件和应用软件两大类。系统软件的作用是控制并协调计算机硬件的工作，提供一个统一的接口给应用软件，应用软件是为了某种特定的用途而被开发的软件，例如 QQ 是为了聊天而开发的。下面分别对它们进行介绍。

1. 系统软件

系统软件是指控制和协调计算机及外围设备，管理和控制计算机软硬件资源的软件，它的功能是使计算机能够正常工作或具备解决某些问题的能力。系统软件包括操作系统、语言处理程序、数据库管理系统等。

1）操作系统

操作系统是管理和控制计算机硬件与软件资源的计算机程序，是最基本的系统软件，任何其他软件都必须在操作系统的支持下才能运行。操作系统负责管理计算机系统的硬件、软件及数据资源，控制程序运行，改善人机界面，为其他应用软件提供支持，让计算机系统所有资源最大限度地发挥作用，提供各种形式的用户界面，使用户有一个好的工作环境，为其他软件的开发提供必要的服务和相应的接口等。

常见的操作系统有 Windows,Linux（主要用于服务器）、UNIX（用于服务器）和 Mac 等。其中，在个人计算机领域，Windows 是最常用的操作系统，包括 Windows XP,Windows 7,Windows 8 和 Windows 10 等版本。

2）语言处理程序

语言处理程序是为用户设计的编程服务软件，用来编译、解释和处理各种程序所使用的计算机语言，是人与计算机相互交流的一种工具，包括机器语言、汇编语言及高级语言等。

机器语言是可以直接在计算机上执行的程序，而汇编语言和高级语言需要翻译成机器语言后才能在计算机上执行。语言处理程序的作用就是将用高级语言或汇编语言编写的程序翻译成计算机能执行的程序，它包括编译程序和解释程序等。

3）数据库管理系统

数据库管理系统是一种操作和管理数据库的大型软件，用户建立、使用和维护数据库，简称 DBMS。它对数据库进行统一的管理和控制，以保证数据库的安全性和完整性。目前，常用的数据库管理系统有 SQL Server、Oracle、Sybase、MySQL 等。

2. 应用软件

应用软件是指专门为某一应用目的而编制的软件，由于计算机的通用性和应用的广泛性，应用软件比系统软件更丰富多彩，如办公软件 Office、图像处理软件 Photoshop、动画制作软件 Flash、杀毒软件、信息检索软件、媒体播放软件、压缩/解压缩软件 WinRAR、网络通信软件、游戏软件等。表 1-1 所示为一些常用应用软件的主要类别和功能。

表 1-1　常用应用软件的主要类别和功能

软件总类	功能	举例
文字处理软件	文本编辑、文字处理等	WPS、Word、Acrobat、FrontPage 等
电子表格软件	表格定义、数值计算、绘图、制表等	Excel 等
图形图像软件	图像处理、几何图形绘制、动画制作等	AutoCAD、Photoshop、3ds Max、Flash 等
计算机病毒防护	病毒扫描和清除、主动防御等功能	360 杀毒、金山毒霸、卡巴斯基等
网络通信软件	电子邮件、聊天、IP 电话等	Outlook Express、QQ 等
演示软件	幻灯片制作与播放	PowerPoint 等
信息检索软件	在因特网或数据库中查找所需信息	Google、百度等
个人信息管理软件	记事本、日程安排、通讯录、邮件	Outlook、Lotus Notes 等
媒体播放软件	播放各种数字音频和视频	酷狗音乐、Media Player、暴风影音等

任务3　计算机信息表示与存储

任务描述

拼音是语言的基础,计算机的基础是什么呢?小张知道利用计算机可以进行采集、存储和处理各种用户信息,也可以将这些信息转换成可以识别的文字、声音或音频进行输出,但不清楚这些信息在计算机内部是如何表示的,也不知道它是如何对信息进行量化的。学习完本任务,我们即可知晓。

任务要求

本任务要求认识计算机中数据的表示方法及单位,了解数制及其转换,认识二进制的运算,并了解计算机中字符的编码规则。

相关知识

(一)认识计算机中数据的表示方法及单位

1. 计算机中数据的表示方法

在计算机中,各种信息都是以数据的形式出现的,数据是计算机处理的对象。这里的"数据"含义非常广泛,包括数值、文字、声音、图形、图像、视频和动画等多种形式。无论什么类型的数据,在计算机内部都是以二进制的形式存储和运算的。二进制数只包含 0 和 1 两个数码,计数规则是逢二进一。

2. 计算机中数据的存储单位

在计算机内存储和运算数据时,通常涉及的数据单位有以下 3 种。

（1）位（bit），音译为比特，用小写字母"b"表示，是计算机中存储数据的最小单位，它有两种取值：0 和 1。

（2）字节（Byte）。在对二进制数据进行存储时，一个字节等于八个二进制位，通常用"B"表示。1 Byte = 8 bit。字节是计算机中数据处理和存储的基本单位。一个英文字母占一个字节，一个汉字占两个字节。此外，在计算机中还经常使用 KB（千字节），MB（兆字节），GB（吉字节）或 TB（太字节）表示存储设备的容量或文件的大小，它们之间的换算关系如下：

$$1 \text{ KB} = 1\ 024 \text{ B}$$
$$1 \text{ MB} = 1\ 024 \text{ KB} = 2^{20} \text{ B}$$
$$1 \text{ GB} = 1\ 024 \text{ MB} = 2^{30} \text{ B}$$
$$1 \text{ TB} = 1\ 024 \text{ GB} = 2^{40} \text{ B}$$

（3）字长。计算机一次能够并行处理的二进制代码的位数，称为字长。一个字由若干个字节组成，不同计算机系统的字长是不同的。字长是衡量计算机性能的一个重要指标，字长越长，数据所包含的位数就越多，计算机的数据处理速度就越快。计算机的字长通常是字节的整数倍，如 8 位、16 位、32 位、64 位和 128 位等。

（二）了解数制及其转换

1. 常用数制

数制是指用一组固定的符号和统一的规则来表示数值的方法。日常生活中最常用的数制是十进制，而计算机中使用的是二进制。由于二进制不便于书写，所以一般将其转换为八进制或十六进制表示。

1）二进制

计算机内部采用二进制表示数据，二进制只有两个计数符号 0 和 1，它的基数为 2，进位原则是"逢二进一"，二进制数 11011.01 用多项式展开可以写成（括号外使用下标表示不同的进制）：

$$(11011.01)_2 = (1 \times 2^4 + 1 \times 2^3 + 0 \times 2^2 + 1 \times 2^1 + 1 \times 2^0 + 0 \times 2^{-1} + 1 \times 2^{-2})_{10}$$
$$= (16 + 8 + 2 + 1 + 0.25)_{10}$$
$$= (27.25)_{10}$$

2）八进制

八进制有八个计数符号 0、1、2、3、4、5、6、7，它的基数为 8，进位原则是"逢八进一"，八进制数 207 用多项式展开可以写成：

$$(207)_8 = (2 \times 8^2 + 0 \times 8^1 + 7 \times 8^0)_{10}$$
$$= (128 + 0 + 7)_{10}$$
$$= (135)_{10}$$

3）十进制

十进制有十个不同的计数符号，分别为（0,1,2,3,4,5,6,7,8,9），其基数为 10，进位原则是"逢十进一"（加法运算），借 1 当 10（减法运算），一般用 D 表示十进制，一个十进制数可用一个多项式展开，如十进制数 467 可以写成：

$$467 = 4 \times 10^2 + 6 \times 10^1 + 7 \times 10^0$$

式中 10^2、10^1、10^0 分别称为百位、十位、个位的"权值"。权值是 10 的方幂，10 称为基数。同样的数码所在的"位"不同，其权值也就不同。权值乘以数码，就是该数码所表示的实际数值。各位数码所表示的数值之和，就是一个十进制数所表示的数值。

4）十六进制

十六进制有 16 个计数符号 0、1、2、3、4、5、6、7、8、9、A、B、C、D、E、F，它的基数为 16，进位原则是"逢十六进一"，十六进制数 3B6F 用多项式展开可以写成：

$$(3B6F)_{16} = (3 \times 16^3 + 11 \times 16^2 + 6 \times 16^1 + 15 \times 16^0)_{10}$$
$$= (12\ 288 + 2\ 816 + 96 + 15)_{10}$$
$$= (15\ 215)_{10}$$

上述几种常用数制的对照关系见表 1-2。

表 1-2 常用数制对照关系

十 进 制 数	二 进 制 数	八 进 制 数	十六进制数
0	0000	0	0
1	0001	1	1
2	0010	2	2
3	0011	3	3
4	0100	4	4
5	0101	5	5
6	0110	6	6
7	0111	7	7
8	1000	10	8
9	1001	11	9
10	1010	12	A
11	1011	13	B
12	1100	14	C
13	1101	15	D
14	1110	16	E
15	1111	17	F

提示：通过表 1-2 可以看出，采用不同的数制表示同一个数时，基数越大，则使用的位数就越少，如十进制 14，需要 4 位二进制来表示，需要 2 位八进制数来表示，只需 1 位十六进制数来表示。十进制是人们日常生活中使用的数制；二进制是计算机中使用的数制。

表 1-3 所示为计算机常用的几种进位计数制。

表 1-3 计算机中常用的几种进位数制

数 制	基 数	数 码	尾 标
二进制	2	0、1	2、B

数　　制	基　　数	数　　码	尾　　标
八进制	8	0～7	8、O
十进制	10	0～9	10、D
十六进制	16	0～9、A～F	16、H

2. 常用数制的转换

1）非十进制数转换为十进制数

将二进制、八进制和十六进制数转换为十进制数时，只需用该数制的各位数乘以各自对应的位权数，然后再将乘积相加，用按位权展开的方法，计算出结果即可。

● 将二进制数（10011）$_2$转换为十进制数。

先将二进制数按位权展开，然后将乘积相加，转换过程如下：

$$(10011)_2 = (1 \times 2^4 + 0 \times 2^3 + 0 \times 2^2 + 1 \times 2^1 + 1 \times 2^0)_{10}$$
$$= (16 + 2 + 1)_{10}$$
$$= (19)_{10}$$

● 将八进制数（76）转换为十进制数。

先将八进制数 76 按位权展开，然后将乘积相加，转换过程如下：

$$(76)_8 = (7 \times 8^1 + 6 \times 8^0)_{10}$$
$$= (56 + 6)_{10}$$
$$= (62)_{10}$$

● 将十六进制数转换为十进制数。

先将十六进制数 25F 按位权展开，然后将乘积相加，转换过程如下：

$$(25F)_{16} = (2 \times 16^2 + 5 \times 16^1 + 15 \times 16^0)_{10}$$
$$= (512 + 80 + 15)_{10}$$
$$= (607)_{10}$$

2）十进制数转换为非十进制数

十进制数转换为非十进制数，分整数部分和小数部分两种情况进行。

（1）整数部分：除基取余，直到商为 0，先取的余数在低位，后取的余数在高位。

（2）小数部分：乘基取整，直到小数部分值为 0 或达到精度要求，先取的整数在高位，后取的整数在低位。

● 将（73）$_{10}$转换为二进制数，具体转换过程如下：

```
2 | 73              余数   低位
2 | 36      ……      1      ↑
2 | 18      ……      0      |
2 | 9       ……      0      |
2 | 4       ……      1      |
2 | 2       ……      0      |
2 | 1       ……      0      |
    0       ……      1      高位
```

直到商为 0,结束运算,即为:

$$(73)_{10} = (1001001)_2$$

● 将十进制数 0.625 转换为二进制数,转换过程如下:

将十进制小数转换为二进制小数,乘基取整,此时基数为 2,具体步骤如下:

```
        0.625
    ×       2                 整数部分          高位
        1.25      ……          1
        0.25
    ×       2
        0.5       ……          0
    ×       2
        1.0       ……          1               低位
```

因此 $(0.625)_{10} = (0.101)_2$

3. 二进制数与八进制数之间的转换

二进制数转换成八进制数的方法为:以小数点为界,将整数部分自右向左和小数部分自左向右分别按每 3 位一组,不足 3 位用 0 补足,然后将各个 3 位二进制数转换为对应的 1 位八进制数,即得到转换结果。反之,若把八进制数转换为二进制数,只要把每 1 位八进制数转换为对应的 3 位二进制数即可。

● 将二进制数 1001001.101 转换为八进制数,转换过程如下:

二进制数	001	001	001	.	101
八进制数	1	1	1	.	5

得到的结果为 $(1001001.101)_2 = (111.5)_8$

反之,将八进制数转换为二进制数就是上述的逆过程,将高位及低位补充的 0 去掉,即可得到结果。

4. 二进制数与十六进制数之间的转换

二进制数转换成十六进制数的方法与八进制类似,具体方法为:以小数点为界,将整数部分自右向左和小数部分自左向右分别按每 4 位一组,不足 4 位用 0 补足,然后将各个 4 位二进制数转换为对应的 1 位十六进制数,即得到转换结果。反之,若把十六进制数转换为二进制数,只要把每 1 位十六进制数转换为对应的 4 位二进制数即可。

● 将二进制数 101100110110111 转换为十六进制数,转换过程如下:

二进制数	0101	1001	1011	0111
十六进制数	5	9	B	7

得到的结果为:$(101100110110111)_2 = (59B7)_{16}$

● 将十六进制数 2B7D 转换为二进制数,转换过程如下:

十六进制数	2	B	7	D
二进制数	0010	1011	0111	1101

得到的结果为:$(2B7D)_{16} = (0010101101111101)_2$

(三)计算机中的字符编码

所谓编码就是利用计算机中的 0 和 1 两个代码的不同长度表示不同信息的一种约定方

式。由于计算机是以二进制形式存储和处理数据的,因此只能识别二进制编码信息,汉字、数字、字母、符号、图形等非数值信息都要用特定规则进行二进制编码才能识别。

1. ASCII 编码

ASCII(American Standard Code for Information Interchange,美国信息交换标准代码)已成为国际上通用的字符编码标准。ASCII 由 7 位二进制数组成,因此定义了 $128(2^7)$ 种符号,其中 34 个是起动作控制作用的"功能符",其余的 94 个是数字、大小写英文字母和特殊符号。ASCII 码是唯一的,不可能出现两个字符的 ASCII 码值一样的情况。

2. 汉字编码

中文计算机系统处理的对象主要是汉字。在计算机中,汉字信息的传播和交换必须有统一的编码才不会造成混乱和差错。计算机对汉字信息的处理过程实际上是各种汉字编码间的一个转换过程。这些编码主要包括输入码、国标码、机内码和字形码等。

1)输入码

输入码也称为外码,是为了将汉字输入到计算机中而设计的代码。目前,常用的输入码有拼音码、五笔字型码、表形码、认知码等。一种好的输入码应具有编码规则简单、易学好记、操作方便、重码率低、输入速度快等优点。一般用户通常使用拼音码在计算机中输入汉字(即通过输入拼音来输入汉字),常用的有微软拼音法、智能 ABC 输入法、搜狗拼音输入法等。

2)国标码

国标码是国家标准汉字编码 GB 2312—1980 所规定的机器内部编码。国标码是用于汉字信息处理系统之间或者通信系统之间交换信息使用的代码,所以国际码又称交换码。国标码中共收集了 7 445 个字符和汉字,其中汉字 6 763 个,各种符号 682 个。常用的第一级包括汉字 3 755 个(用汉语拼音排序),第二级包括一般汉字 3 008 个(用偏旁部首排序)。在汉字交换中,每个汉字用 2 个字节表示。

3)机内码

机内码是在计算机内部进行存储与处理汉字所使用的编码。对汉字系统来说,汉字机内码规定在汉字国标码的基础上,每个字节最高位置为 1,每字节的低 7 位为汉字信息。

4)字形码

字形码也称汉字输出码。字形码的作用是输出汉字。汉字字形码是汉字字库中存储的汉字字形的数字化信息,用于汉字的显示和打印。目前,大多是以点阵方式形成汉字,每个汉字都可以写在同样大小的方块,因此,汉字字形码主要是指汉字字形点阵的代码。

任务4 认识 Windows 10 操作系统

任务描述

小张考上大学后,买了第一台属于自己的计算机。她发现这台计算机安装的操作系统是 Windows 10,Windows 10 在桌面、窗口、菜单和对话框等方面与之前使用 Windows 7 操作系统有较大的区别。为了更方便地使用,小张决定先熟悉一下 Windows 10 操作系统。

任务要求

了解 Windows 10 操作系统的概念、种类与功能,理解 Windows 10 操作系统的发展历史,掌握启动和退出 Windows 10 的基本技能,熟悉 Windows 10 的桌面组成。

相关知识

(一)了解操作系统的概念、功能和分类

在认识 Windows 10 操作系统之前,我们先来了解操作系统的概念、功能和分类。

1. 操作系统的概念

操作系统(Operating System,OS)是一种系统软件,用于控制和管理计算机所有的软硬件资源,提高各类资源利用率,改善人机交互界面,为用户使用计算机提供必要的服务和相应的接口。操作系统是最底层的系统软件,是对硬件系统功能的首次扩充,也是其他系统软件和应用软件能够在计算机上运行的基础。操作系统在计算机应用中的地位如图 1-18 所示。

2. 操作系统的功能

操作系统的功能主要包括以下 5 个方面:

(1)处理器管理。处理器管理最基本的功能是处理中断事件。

(2)存储器管理。存储器管理主要是指针对内存储器的管理。

(3)作业管理。作业管理包括作业的输入和输出、作业的调度与控制。

(4)文件管理。文件管理是指操作系统对信息资源的管理。

(5)设备管理。主要负责外围设备和内核的数据交互。包括对各种输入输出设备的分配、启动、维护和回收。

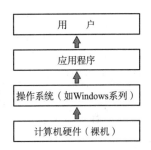

图 1-18 操作系统的地位

3. 操作系统的分类

操作系统可以从以下几个角度进行分类:

(1)根据操作系统的使用环境和对作业的处理方式,可以分为:批处理操作系统、分时操作系统、实时操作系统等。

(2)根据支持的用户和任务数目,可以分为:单用户单任务操作系统、单用户多任务操作系统、多用户多任务操作系统。

(3)根据硬件结构,可以分为:网络操作系统、分布式操作系统、多媒体操作系统。

4. 典型操作系统简介

● DOS(Disk Operation System,磁盘操作系统)是一种单用户、单任务的计算机操作系统。

● Windows 是 Microsoft 公司在 20 世纪 80 年代末推出的基于图形、多用户多任务图形化操作系统。

- UNIX 是一个交互式分时操作系统,1969 年诞生于贝尔实验室。UNIX 取得成功的重要原因是系统的开放性、易理解、易扩充、易移植性。
- Linux 是一个开放源代码、类似于 UNIX 的操作系统。在继承 UNIX 操作系统的基础上还进行许多改进。

(二)了解 Windows 操作系统的发展历史

微软公司(Microsoft)1985 年推出 Windows 操作系统。Windows 操作系统是第一个面向用户提供视窗界面的 PC 操作系统,现在看来虽然很简陋,但是当时在操作简易性上却是一场革命。

1987 年 12 月,Windows 2.0 正式推出。

1990 年 5 月 22 日,微软推出 Windows 3.0,该版本对内存管理、图形界面做出重大改进,使图形界面更加美观并支持虚拟内存,是第一个在家用和办公取得立足点的版本。

1992 年 4 月,微软推出改进版 Windows 3.1。

1995 年,推出 Windows 95,可以独立运行而无需 DOS 支持。

1998 年,推出 Windows 98,添加包括执行效能的提高、更有效的硬件支持等功能。

2000 年 2 月,推出 Windows 2000,该版本由 NT 发展而来,同时开始正式抛弃了 Windows 9X 的内核。

2001 年 10 月,推出 Windows XP,该版本增强了安全性,加大验证盗版技术。

2006 年 11 月,推出 Vista 版本。

2009 年 10 月 22 日,推出 Windows 7。其设计主要围绕:针对笔记本式计算机的特有设计;基于应用服务的设计;用户的个性化;视听娱乐的优化;用户易用性的新引擎。

2012 年 10 月 26 日,推出 Windows 8。其采用全新的用户界面,被应用于 PC 和平板电脑。具有启动速度快,内存占用小等特点。

2015 年 7 月 29 日,推出 Windows 10 版本。Windows 10 有 7 个发行版本,分别面向不同用户和设备。

(三)Windows 10 操作系统简介

- 中文名:视窗 10。
- 英文名:Windows 10。
- 发行商:微软公司(Microsoft)。
- 源码类型:封闭式系统,商业专有。
- 发布时间:2015 年 7 月 29 日。
- 上一版本:Windows 8。
- 更新方式:Windows 10(TH2)。
- 版本:Windows 10 家庭版(Windows 10 Home)、Windows 10 专业版(Windows 10 Pro)、Windows 10 企业版(Windows 10 Enterprise)、Windows 10 教育版(Windows 10 Education)、Windows 10 移动版(Windows 10 Mobile)、Windows 10 企业移动版(Windows 10 Mobile Enterprise)、Windows 10 物联网核心版(IoT Core)。

(四)启动和退出 Windows 10 操作系统

在计算机上安装 Windows 10 操作系统后,开启计算机,进入 Windows 10 的操作界面。

1. 启动 Windows 10

开启计算机主机箱和显示器的电源开关,Windows 10 将载入内存,开始对计算机主板和内存等进行检测,系统启动完成后进入 Windows 10 欢迎界面,如图 1-19 所示。

图 1-19　Windows 10 欢迎界面

如果只有一个用户且没有设置用户密码,则直接进入系统桌面。如果系统存在多个用户且设置了用户密码,则需要选择用户并输入正确的密码才能进入系统。

2. 熟悉 Windows 10 桌面

启动 Windows 10 后,默认进入系统桌面。"桌面"是用户启动计算机登录到 Windows 10 操作系统后看到的整个屏幕界面,是用户和计算机进行交流的窗口,如图 1-20 所示。其由若干应用软件图标和任务栏构成。用户可以根据需求在桌面上添加各种快捷图标。

图 1-20　Windows 10 桌面

● 桌面图标。桌面图标一般是文件、文件夹和应用程序的快捷方式。双击桌面的某个图标可以打开该图标对应的窗口。

● 任务栏。任务栏是在桌面的最下方的长条,显示系统正在运行的程序、当前的时间等。任务栏主要由【开始】按钮、搜索框、任务视图、快速启动区、系统图标显示区和【显示桌面】按钮组成。

● 通知区域。通知区域默认于任务栏的右侧,其包括网络连接、蓝牙、投影、移动热点、夜间模式等事项的状态和通知。

● 搜索框。在 Windows 10 任务栏中,集成了 Cortana 搜索框。在搜索框中直接输入关键词或者打开【开始】菜单输入关键词,即可搜索相关的桌面程序、网页、相关文件等。

3. 退出 Windows 10

退出 Windows 10 的步骤如下:

(1)保存文件和数据信息,关闭所有打开的应用程序。

(2)点击 ■ 图标,单击【电源】按钮,在下拉列表中选择【关机】命令。

(3)关闭显示器电源。

任务5　定制 Windows 10 工作环境

任务描述

小张使用计算机工作学习已经有一段时间了,为了提高工作学习效率,小张决定深入了解 Windows 10 操作系统各项个性化定制操作。

任务要求

了解和掌握 Windows 10 操作系统的基本操作和使用,掌握 Windows 10 操作系统的文件、文件夹等工具的操作和管理。

相关知识

(一)添加和删除桌面图标

1. 添加桌面图标

右击需要添加的文件夹,在弹出的快捷菜单中选择【发送到】→【桌面快捷方式】命令。

2. 删除桌面图标

选择需要删除的图标,按【Delete】键。

（二）认识"个性化"设置窗口

除了使用 Windows 10 默认的桌面外，用户还可以对系统进行个性化设置，如设置外观和主题、设置屏幕分辨率、添加桌面小工具、更改计算机名称等。经过个性化设置后的系统，更适合用户的操作习惯，也更加凸显用户的个性和魅力。

1. 打开【设置】窗口

在【开始】菜单左侧列表中单击【设置】按钮，打开【设置】窗口，如图 1－21 所示。

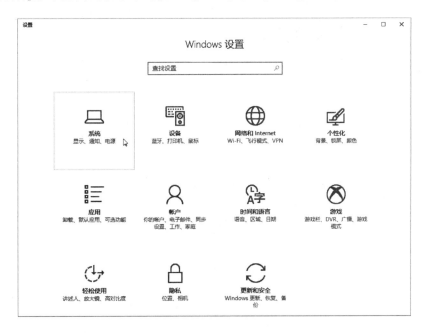

图 1－21　【设置】窗口

2. 设置显示分辨率、文本大小

（1）打开【显示】窗口。在【设置】窗口中，单击【系统】→【显示】选项。

（2）更改亮度。在打开的【显示】窗口中，拖动【更改亮度】下面的滑块进行调整。

（3）更改文字大小。在【更改文本、应用等项目的大小】下拉列表中，可以调整文字大小。

（4）更改屏幕分辨率。单击【分辨率】下拉按钮，在下拉列表中选择所需的分辨率。

3. 设置桌面背景和锁屏

1）背景

桌面背景（也称"壁纸"）是显示在桌面上的图片、颜色或图案。桌面背景可以是个人收集的图片和 Windows 10 自带的图片。图 1－22 所示为背景设置界面。

2）设置锁屏界面

在【设置】→【个性化】窗口中选择【锁屏界面】选项，如图 1－23 所示。在右侧窗格中单击【屏幕超时设置】超链接，将弹出【电源和睡眠】窗口，如图 1－24 所示。

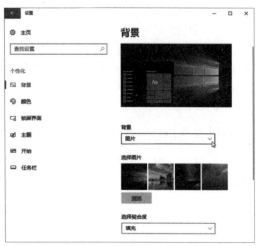

图 1-22　背景设置

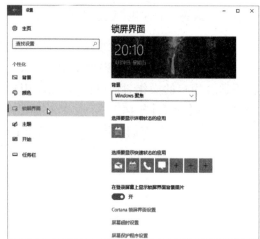

图 1-23　锁屏设置

图 1-24　电源和睡眠设置

4. 更改电源设置

在默认情况下,系统为计算机提供的电源计划是"平衡"模式。该计划可在需要完全性能时提供完全性能,在不需要时节省电能。用户可以进一步更改电源设置,通过调整显示亮度和其他电源设置,以节省能源或使计算机提供最佳性能,如图 1-25 所示。

5. 自定义主题

主题是指 Windows 的视觉外观,包括桌面壁纸、屏保、鼠标指针、系统声音事件、图标、窗口、对话框的外观等内容。

在【设置】→【个性化】窗口中选择【主题】选项,在右侧窗格中,分别单击【自定义主题】下面的【背景】、【颜色】、【声音】、【鼠标光标】,可以分别更改主题的部分内容,如图 1-26 所示。

图 1-25 更改电源设置

图 1-26 主题设置

(三)了解输入法

中文输入法,也称为汉字输入法。目前流行的输入法有:搜狗拼音输入法、百度输入法、QQ 拼音输入法等。

按【Windows + 空格】组合键,可以快速切换输入法。另外,单击桌面右下角通知区域的输入法图标,在弹出的输入法列表中进行选择。输入法主要包括中文模式和英文模式。在当前的输入法中,按【Shift】键或【Ctrl + 空格】组合键切换中英文模式。

任务6 管理文件和文件夹

任务描述

小张在某人力资源公司上班,因为工作的需要,小张经常在计算机内存放各种工作文档,同时会对这些文档进行新建、重命名、移动、复制、删除、搜索和设置文件属性等操作。

任务要求

在 Windows 10 操作系统下,用户可以创建文件或者文件夹、复制粘贴文件或者文件夹、使用回收站和创建快速访问区等。

相关知识

(一)文件和文件夹的相关概念

文件是数据在计算机中的组织形式。计算机中的任何程序和数据都是以文件的形式保存在计算机的外存储器中(如硬盘、光盘和 U 盘等)。文件是 Windows 操作系统管理的最小单位,可以包括一组记录、文档、照片、音乐、视频、电子邮件消息或计算机程序。为了便于管理文件,文件又被保存在文件夹中。

Windows 10 中的任何文件都是用图标和文件名来标识的,其中文件名由主文件名和扩展名两部分组成,中间由". "分隔。

1. 文件的类型

(1)系统文件:用于运行操作系统的文件,例如 Windows 10 系统文件。

(2)应用程序文件:运行应用程序所需的一组文件,例如运行 Word、QQ 等软件需要的文件。

(3)数据文件:使用应用程序创建的各类型的一个或一组文件,在 Windows 中称为文档,例如 Word 文档、mp3 音乐文件、mp4 电影文件。

2. 文件名

(1)主文件名,表示文件的名称,通过它可以大概知道文件的主题。Windows 规定,主文件名除了开头之外,任何地方都可以使用空格,文件名不区分大小写,但在显示时保留大小写格式。

(2)扩展名,文件扩展名是用句点与主文件名分开的可选文件标识符(如 Paint. exe)。它用于区分文件的类型,用来辨别文件属于哪种格式,通过什么应用程序打开。

3. 文件夹

为了便于管理大量的文件,通常把文件分类保存在不同的文件夹中,就像人们把纸质文件保存在文件柜内不同的文件夹中一样。文件夹是用于存储程序、文档、快捷方式和其他文件夹的容器。文件夹中还可以包含文件夹,称为子文件夹。

4. 路径

(1)绝对路径,指从目标文件或文件夹所在的根文件夹开始,到目标文件或文件夹所在文件夹为止的路径上所有的子文件夹名(各文件夹名之间用"\"分隔)。

绝对路径总是以"\"作为路径的开始符号。例如,a. txt 存储在 C 盘的 Downloads 文件夹的 Temp 子文件夹中,则访问 a. txt 文件的绝对路径是:C:\Downloads\Temp\a. txt。

（2）相对路径,指从当前文件夹开始,到目标文件或文件夹所在文件夹的路径上所有的子文件夹名(各文件夹名之间用"\"分隔)。

一个目标文件的相对路径会随着当前文件夹的不同而不同。例如,如果当前文件夹是 C:\Windows,则访问文件 a. txt 的相对路径是:..\Downloads\Temp\a. txt,这里的".."代表父文件夹。

（二）管理文件和文件夹

Windows 10 操作系统把所有软、硬件资源都当作文件或文件夹,可在【文件资源管理器】窗口中查看和操作。文件资源管理器包括:标题栏、功能区、导航栏、导航窗格、状态栏、内容窗格等,如图 1 – 27 所示。

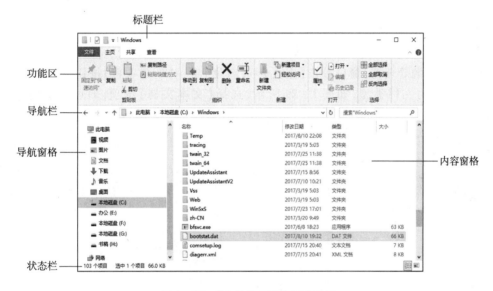

图 1 – 27　【文件资源管理器】窗口

Windows 10 中的【文件资源管理器】窗口最大的改进是采用 Ribbon 界面风格的功能区。Ribbon 界面把命令按钮放在一个带状、多行的工具栏中,称为功能区,类似于仪表盘面板,目的是使用功能区来代替之前版本的菜单、工具栏。每一个应用程序窗口中的功能区都是按应用来分类的,由多个"选项卡"(或称"标签")组成,包含了应用程序所提供的功能。选项卡中的命令、选项按钮,按相关的功能组织在不同的"组"中。

（三）文件和文件夹的基本操作

文件夹的基本操作主要包括文件夹的新建、重命名、删除等操作。

1. 新建文件夹

在内容窗格空白处右击,在弹出的快捷菜单中选择【新建】→【文件夹】选项,如图 1－28 所示。

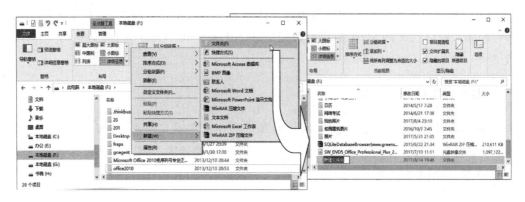

图 1－28　新建文件夹

2. 新建文件

在【文件资源管理器】窗口单击【主页】→【新建】组→【新建项目】按钮,在下拉列表中选择需要新建的文件类型,如图 1－29 所示,选择【文本文档】选项,即可成功创建文本文档。

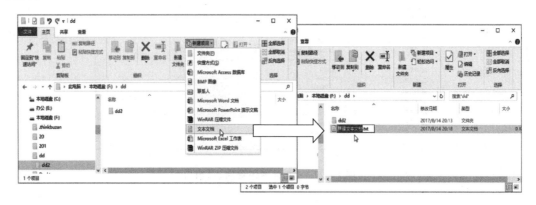

图 1－29　新建文件

3. 复制和粘贴文件或文件夹

复制过程就是把一个文件夹中的文件和文件夹复制一份到另一个文件夹中,原文件夹中的内容仍然存在,新文件夹中的内容与原文件夹中的内容完全相同。

【复制】命令和【粘贴】命令是一对配合使用的操作命令。【复制】命令是把文件或文件夹在系统缓存(称为剪贴板)中保存副本,而【粘贴】命令是在目标文件夹中把剪贴板中的这个副本复制出来。复制粘贴的方法有很多种:使用功能区复制;使用快捷菜单复制;使用快捷键复制;鼠标左键拖动复制;鼠标右键拖动复制;使用【复制到】;使用【发送到】;复制路径等。下面介绍其中一种最常用的复制方法:使用快捷菜单复制。

(1)选中要复制的文件和文件夹(单选或多选)。

（2）右击选中的文件或文件夹,选择快捷菜单中的【复制】命令。

（3）切换到目标驱动器或文件夹界面。

（4）右击空白区域,在快捷菜单中选择【粘贴】命令。

4. 移动和剪切文件或文件夹

移动和剪切文件或文件夹的方法有多种:使用鼠标左键拖动;使用鼠标右键拖动;使用【移动到】命令;使用【剪切】命令。下面介绍最常用的方法:使用【剪切】命令实现移动。

（1）选定要移动的文件和文件夹,按【Ctrl + X】组合键,或右击选择快捷菜单中的【剪切】命令,或单击【主页】→【剪切板】组→【剪切】按钮。

（2）切换到目标驱动器或文件夹,按【Ctrl + V】组合键,或右击选择快捷菜单中的【粘贴】命令,或单击【主页】→【剪切板】组→【粘贴】按钮。

（四）文件和文件夹的属性、隐藏或显示

1. 设置文件或文件夹的属性

如果要设置文件或文件夹为隐藏属性,可采用下面的方法:

（1）选中要设置属性的某个文件或文件夹。

（2）单击【主页】→【打开】组→【属性】下拉按钮,在下拉列表中选择【属性】命令。也可以右击选中的文件或文件夹,在弹出的快捷菜单中单击【属性】命令。

（3）在弹出的【属性】对话框的【常规】选项卡中,选中【隐藏】复选框。

（4）单击【确定】按钮,如图 1 – 30 所示。

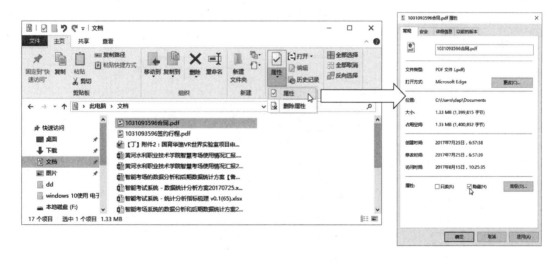

图 1 – 30　设置文件或文件夹的属性

2. 显示隐藏的文件和文件夹

单击【查看】→【选项】按钮,弹出【文件夹选项】对话框。在【高级设置】选项区域中,选中【显示隐藏的文件、文件夹和驱动器】单选按钮,取消复选【隐藏已知文件类型的扩展名】项,如图 1 – 31 所示。

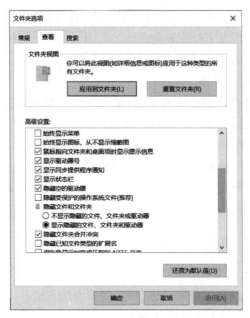

图1-31 设置显示隐藏的文件和文件夹

（五）添加文件或文件夹的快捷方式

选定文件或者文件夹,右击,在弹出的快捷菜单中选择【发送到】→【桌面快捷方式】命令,如图1-32所示。

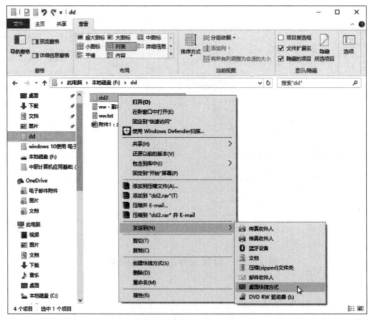

图1-32 创建桌面快捷方式

（六）使用"快速访问"工具栏

1. 将文件夹固定到"快速访问"工具栏

系统会根据频次,动态地把文件夹添加到"快速访问"工具栏。如果希望把某文件夹添加到"快速访问"工具栏,可以使用如下方法:

（1）选择要添加到"快速访问"工具栏的文件夹。

（2）右击该文件夹（如【组件】文件夹）,在弹出的快捷菜单中选择【固定到"快速访问"】命令,如图 1-33 所示,或者单击【主页】选项卡中的【固定到"快速访问"】按钮。

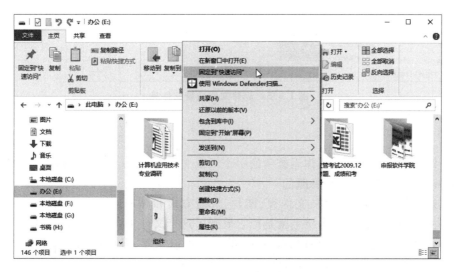

图 1-33 固定到"快速访问"

2. 从"快速访问"工具栏中取消固定的文件夹

如果想把"快速访问"工具栏中的文件夹取消,则在"快速访问"列表中,右击要取消固定的文件夹,在弹出的快捷菜单中选择【从"快速访问"取消固定】命令,如图 1-34 所示。

图 1-34 从"快速访问"取消固定

(七)删除文件和文件夹

可以将不需要的文件或文件夹删除,以释放存储空间,如图1-35所示。

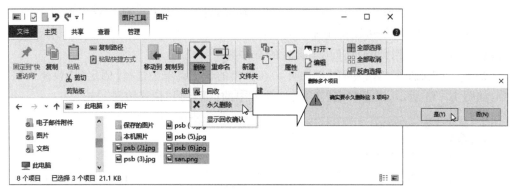

图1-35 删除文件或者文件夹

(八)使用回收站

回收站是微软 Windows 操作系统中的一个系统文件夹,默认在每个硬盘分区根目录下的 Recovery 文件夹中,而且是隐藏的。

回收站中保存删除的文件、文件夹、图片、快捷方式和 Web 页等。当用户将文件删除后,系统将其移到回收站中,实质上就是把它放到了这个文件夹,仍然占用磁盘空间。这些项目将一直保留在回收站中,存放在回收站的文件可以恢复,只有在回收站里删除它或清空回收站才能使文件真正地删除,为硬盘释放存储空间。

1. 恢复回收站中的文件

(1)恢复选定的文件。在【回收站】窗口中,右击选定的文件,在弹出的快捷菜单中选择【还原】命令。

(2)还原所有文件。在【回收站工具 - 管理】选项卡的"还原"组中,单击【还原所有项目】按钮。

2. 永久删除回收站中的文件

(1)永久删除某些文件。在【回收站】窗口中,选中要删除的项目,按【Delete】键,弹出【删除文件】对话框,单击【是】按钮。

(2)删除所有文件。在【回收站工具 - 管理】选项卡中,单击【清空回收站】按钮,将弹出【删除多个项目】对话框,单击【是】按钮。也可以在不打开回收站的情况下清空回收站,可以右击【回收站】图标,在弹出的快捷菜单中选择【清空回收站】命令。

任务7 管理软硬件资源

任务描述

小张大学毕业以后应聘到一家公司的人力资源部工作,主要负责日常办公管理,但是发现新计算机没有安装 Office,打印机等硬件也没有安装,所以小张必须自己动手来安装及管理好这台计算机中的软件及硬件资源。

任务要求

要求掌握软件的安装及卸载方法,了解如何打开和关闭 Windows 功能,掌握打印机的安装和键盘、鼠标的设置,以及如何使用 Windows 10 自带的画图和记事本等附件程序。

相关知识

(一)认识控制面板

控制面板是 Windows 操作系统图形用户界面的一部分,可通过【开始】菜单访问。它允许用户查看并更改基本的系统设置,比如管理安装程序和打印机等硬件资源,控制用户账户,更改辅助功能选项。图 1 – 36 所示为【控制面板】窗口。

图 1 – 36　【控制面板】窗口

在控制面板窗口中单击不同的超链接,可以进入相应的子分类设置窗口和打开参数设置对话框。

打开控制面板的几种方法:

方法一:单击【开始】→【Windows 系统】→【控制面板】,如图 1 – 37 所示。

方法二:Windows 10 桌面的左下角已经提供了便捷的搜索框,如图 1 – 38 所示。只需在搜索框中直接输入【控制面板】,在打开的界面单击【控制面板】应用。

方法三:通过【Cortana 微软小娜】搜索打开。单击 Windows 10 任务栏中的"Cortana"图标,语音输入【控制面板】即可自动搜索到【控制面板】,单击即可打开。如图 1 – 39 所示。

图 1 - 37　打开控制面板方式一

图 1 - 38　打开控制面板方式二

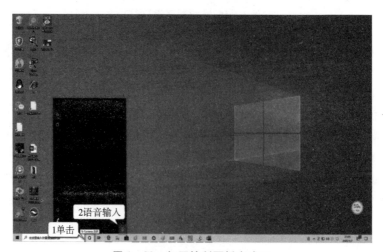

图 1 - 39　打开控制面板方式三

（二）软件安装事项

Windows 10 系统的应用商店里面有很多软件是可以下载安装的。除了应用商店里的软件,还可以从网上下载安装程序或者从软件销售处购买。准备好软件后就可以开始安装,安装方法和注意事项如下:

（1）将软件安装光盘放入光驱,现在很多软件的安装光盘提供了智能化功能,只需将安装盘放入光驱后,系统就会自动运行安装。若安装光盘不能自动运行安装,可以找到光盘中安装程序所在的文件夹,双击其中的可执行文件如"setup. exe"或"install. exe"文件,进入"安装向导"对话框,根据提示进行安装。

（2）如果安装程序是从网上下载,并存放到硬盘中,则可以找到该安装程序的文件夹,双击其中的可执行文件"setup. exe"和"install. exe",再根据提示进行安装操作。

（3）不少软件在安装时要注意取消它的开机启动选项,否则会自动默认设定该软件为开机启动软件,这样会影响计算机的启动速度,而且占用系统资源。

（4）为了保证系统安全,从网上下载的软件先用杀毒软件查杀后再安装。

（5）软件一般安装在非系统盘的其他磁盘分区,但驱动程序和杀毒软件可以安装在系统盘中。

（三）硬件安装事项

对于计算机常用硬件设备,Windows 10 能够自动搜索网络并安装其驱动程序,但在没有联网或自动安装失败的情况下,就需要用户手动安装驱动程序。一般情况下,用户在购买一个硬件设备时,会同时附有一张包含了驱动程序的光盘或 U 盘,将光盘放入光驱后或插入 U 盘,打开即可开始安装。也可以搜索所购买设备的官方网站,在官方网站一般也会提供设备驱动程序的下载安装。

（四）安装和卸载应用程序

准备好软件的安装程序后就可以开始进行安装,安装后的软件会显示在开始菜单中的所有程序列表中,部分软件还会自动在桌面上创建快捷启动图标。大多数的软件安装和卸载方法都基本相同,因此,只要熟悉了一种软件的安装和卸载方法,就可以轻松安装和卸载其他软件了。

【例 1-1】安装 QQ 软件,并卸载计算机中不需要的软件。

（1）安装 QQ 软件。从腾讯官网下载 QQ 安装程序到本地硬盘中,然后打开安装程序所在文件夹,找到其中的可执行文件"PCQQ2020. exe",双击打开,即可进入安装向导对话框。运行安装程序,如图 1-40 所示。

（2）在提示阅读用户许可协议界面,选中【阅读并同意软件许可协议和青少年上网安全指导】复选框,单击【立即安装】按钮,如图 1-41 所示,开始安装并显示安装进度。（个别软件会显示多个选项,一般选典型或完整安装即可,或者直接保持默认设置;单击【自定义选项】按钮可以选择软件安装路径和所包含的组件等）。

图 1-40　双击安装文件

图 1-41　立即安装

（3）安装完毕后，单击【关闭】按钮，完成安装。

（4）打开【控制面板】窗口，在分类视图下单击【程序】超链接，在打开的【程序】窗口中，单击【程序和功能】超链接，在打开窗口的【卸载和更改程序】列表框中即可查看当前计算机中已安装的所有程序。

（5）卸载软件。打开【控制面板】窗口，单击【程序】超链接下方的【卸载程序】选项，如图 1-42 所示。

（6）在打开的【程序和功能】窗口的【卸载和更改程序】列表框中即可查看当前计算机中已安装的所有程序列表，选中要卸载的程序选项，然后单击工具栏中的【卸载】按钮，如图 1-43 所示，将打开确认是否卸载程序的提示对话框，单击【是】按钮即可开始卸载程序。

图 1-42 选中【卸载程序】　　　　　　　图 1-43 【程序和功能】窗口

提示:若软件自身提供了卸载功能,可以通过【开始】菜单卸载,在所有程序列表中展开程序文件夹,然后右击选中的程序图标,在快捷菜单中选择【卸载】等相关命令(如果没有类似命令,可通过控制面板进行卸载),再根据提示进行操作,便可完成软件卸载,有些软件卸载后还会要求重启计算机才能彻底删除该软件的安装文件。

(五)打开和关闭 Windows 功能

Windows 10 操作系统内置一些程序组件及功能,包括媒体功能、IE 浏览器、日历、地图、天气、游戏及打印服务等各种实用应用,用户可以根据实际需要通过打开和关闭操作来决定是否启用这些功能。

【例 1-2】关闭 Windows 的"远程登录"功能。

(1)打开【控制面板】→【程序】→【启用或关闭 Windows 功能】超链接,如图 1-44 所示。

(2)弹出【Windows 功能】对话框,如图 1-45 所示。取消勾选【Telnet client】复选框,关闭 Telnet 远程连接其他计算机的功能。

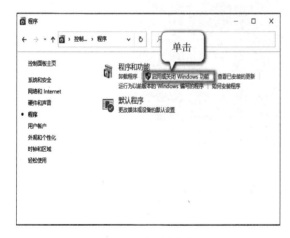

图 1-44 【程序】窗口　　　　　　　图 1-45 关闭【Telnet client】远程连接

(3)单击【确定】按钮,系统将打开提示对话框显示该项功能的配置进度,完成后系统将自动关闭该对话框及【Windows 功能】窗口。

(六)安装打印机硬件及驱动程序

打印机的安装,应先用连接线缆将设备与计算机主机箱连接,然后安装打印机的驱动程序。一般购买的打印机都随机配有相应的驱动程序安装光盘或者 U 盘,也可以在网上下载相应的驱动程序。驱动程序一般都是可执行文件,双击"Setup. exe"文件,就可以按照安装向导提示一步一步完成。其他外围计算机设备的安装,也可参考打印机的安装方法来进行。

【例 1-3】打印机的连接及驱动程序的安装。

(1)首先进行打印机的连线。不同的打印机有不同类型的端口,现在新型打印机多是 USB 接口的,可参阅打印机的使用说明书,将数据线的一端插入机箱后面的接口中,再将另一端和打印机接口相连,如图 1-46 所示。然后接通打印机的电源,完成硬件的安装。

图 1-46　连接打印机

(2)单击【开始】→【设置】,如图 1-47 所示,在弹出的窗口中单击【设置】选项。

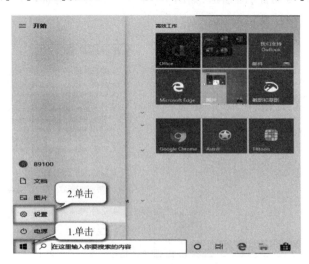

图 1-47　打开【设置】

（3）在弹出的【设置】窗口中选择【打印机和扫描仪】选项卡，在右侧窗格中单击【添加打印机和扫描仪】超链接，如图1-48所示。系统就会自动搜索网络中的共享打印机，如果搜索不到，会出现【我需要的打印机不在列表中】超链接，单击，打开【添加打印机】对话框。

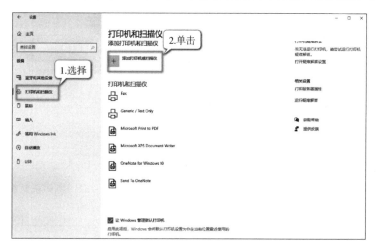

图1-48 【设备】窗口

（4）选中【通过手动设置添加本地打印机或网络打印机】单选按钮，单击【下一步】按钮，如图1-49所示。然后选中【使用现在的端口LPT1】单选按钮，如图1-50所示，单击"下一步"按钮继续安装。

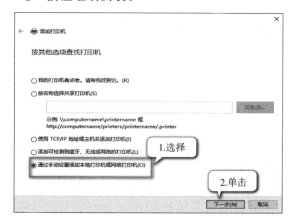
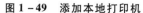

图1-49 添加本地打印机

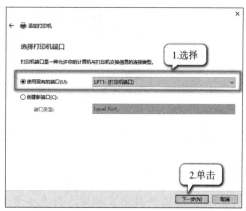

图1-50 选择打印机端口

（5）在打开的【安装打印机驱动程序】对话框的【厂商】列表中选择打印机的生产厂商；在【打印机】列表框中选择打印机的型号，单击【下一步】按钮，如图1-51所示。系统开始安装驱动程序，安装完成后打开【打印机共享】对话框，如果不需要共享打印机则单击选中【不共享这台打印机】单选按钮，单击【下一步】按钮，如图1-52所示。安装成功后会显示安装完成对话框，若需要测试，单击【打印测试页】按钮，即可打印出测试页。

（6）打开【控制面板】中【查看设备和打印机】超链接，在弹出的【设备和打印机】窗口中可以看到已经添加的打印机型号，选中刚安装的打印机，右击弹出快捷菜单，选择【设置为默认打印机】选项,如图 1-53 所示,将其设置为默认打印机。

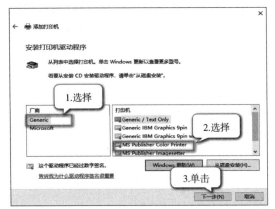

图 1-51　选择打印机型号

图 1-52　打印机共享设置

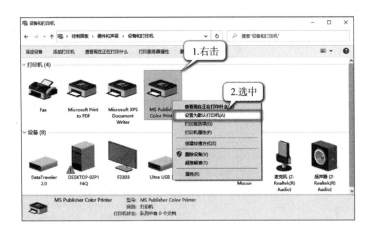

图 1-53　默认打印机设置

技巧:如果要安装网络打印机,可在图 1-48 所示的对话框中单击【添加打印机或扫描仪】按钮,系统就会自动搜索网络中的共享打印机,如果自动搜索不到,会出现【我需要的打印机不在列表中】超链接,单击,打开【添加打印机】对话框,选中【按名称选择共享打印机】单选按钮,在文件框中直接输入接有共享打印机的远程计算机的 IP 地址,如:" \\192.168.0.123",或者单击【浏览】按钮,在弹出的对话框中选择需要的计算机并单击【选择】按钮。

(七)设置鼠标和键盘

1. 设置鼠标

鼠标的设置主要包括调整鼠标双击的速度、设置鼠标指针选项以及更换鼠标指针样式等。

【例1-4】鼠标指针样式设置为【Windows 黑色(系统方案)】,调整鼠标的双击速度和移动速度,并且通过设置使鼠标移动时,指针时产生【移动轨迹】的效果。

(1)打开【开始】→【Windows 系统】→【控制面板】窗口,单击【硬件和声音】超链接。在打开的窗口中,继续单击【鼠标】超链接,如图 1-54 所示。

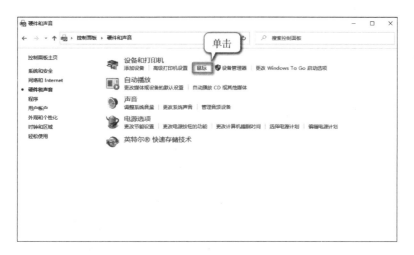

图 1-54　单击【鼠标】超链接

(2)在打开的【鼠标 属性】对话框中,单击【鼠标键】选项卡,在【双击速度】栏中拖动【速度】滑动条中的滑块可以调节双击的速度,如图 1-55 所示。

(3)单击【指针】选项卡【方案】栏中的下拉按钮,在打开的下拉列表中选择【Windows 黑色(系统方案)】选项,如图 1-56 所示。

图 1-55　设置鼠标键选项

图 1-56　设置鼠标指针样式

(4)单击【指针选项】选项卡,在【移动】栏中拖动滑块以调整鼠标指针的移动速度,选中【显示指针轨迹】复选框,如图 1-57 所示,移动鼠标指针就会产生【移动轨迹】的效果。

(5)单击【确定】按钮完成对鼠标的设置。

2. 设置键盘

键盘的设置主要是调整键盘响应速度以及光标闪烁速度。

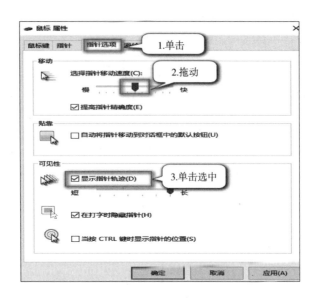

图 1-57 设置指针选项

【例1-5】通过设置降低键盘重复输入一个字符的延迟时间,使重复输入字符的速度最快,并适当调整光标的速度。

(1)打开【开始】→【Windows 系统】→【控制面板】。在【控制面板】窗口右上角的【查看方式】下拉列表框中,选择【小图标】选项,切换至【小图标】视图模式,如图1-58所示。

(2)单击【键盘】超链接,打开【键盘 属性】对话框,单击【速度】选项卡,向右拖动【字符重复】栏中的【重复延迟】滑块,降低键盘重复输入一个字符的延时时间。如果向右拖动【重复速度】滑块,则加快重复输入字符的速度,向左拖动,则减慢重复输入字符的速度,如图1-59所示。

图 1-58 设置"小图标"查看方式

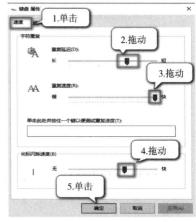

图 1-59 【键盘 属性】对话框

(3)在【光标闪烁速度】栏中拖动滑块,可以改变在文本编辑软件(如写字板)中插入点在编辑位置的闪烁速度,如向左拖动滑块设置为中等速度。

(4)单击【确定】按钮,完成设置。

(八)使用附件程序

Windows 系统在早期版本已经附带一些实用的小工具,以方便用户使用,大多数会放在【开始】菜单的【Windows 附件】目录下,所以常以"附件"代称这些小工具,在这里介绍一些实用的附件。

1. 画图程序

画图是一个图像绘画程序,自从发布以来,大部分的 Windows 操作系统都内置这个软件。它通常叫做 MS Paint 或者 Microsoft Paint。这个软件可以打开并查看 WMF 和 EMF 文件,打开并保存 BMP、JPEG、GIF、PNG、TIFF 格式的图像文件。图 1-60 所示为【画图】程序操作界面。

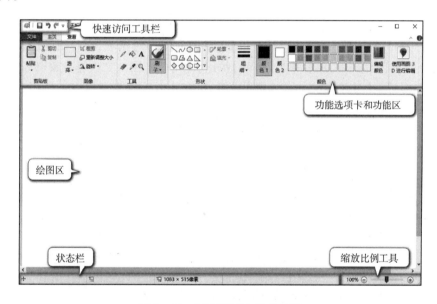

图 1-60 【画图】程序操作界面

画图程序中所有绘制工具及编辑命令都集成在【主页】选项卡中,所以画图所需的基本操作都可以在功能区中完成,利用画图程序可以绘制各种形状简单的图形,也可以打开计算机中已有的图像文件进行编辑,方法如下:

(1)选择画图工具。打开【开始】→【Windows 附件】→【画图】命令,单击其中的"画图",打开画图程序;也可以在 Windows 10 桌面的左下角搜索框中直接输入"画图",在打开的界面找到【画图】应用,单击即可打开。

(2)绘制图形。单击【主页】→【形状】组中的某个形状按钮,在【颜色】组中选择某一种颜色。移动鼠标指针到绘图区,按住鼠标左键不放,并拖动鼠标,便可以绘制出相应大小的图形,然后单击工具栏中的【用颜色填充】按钮,在【颜色】组中选择一种颜色,单击绘制的图形,所选的颜色便可填充图形,如图 1-61 所示。也可以选择【主页】→【工具】组中的铅笔、刷子等绘图工具在绘图区任意涂画。

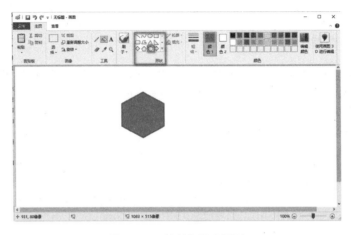

图 1-61　绘制和填充图形

（3）打开和编辑图片文件。选择【文件】菜单中的【打开】选项，在弹出的【打开】对话框中选择要打开的图片文件，然后单击【打开】按钮，即可打开图片文件进行编辑修改。

单击【主页】→【图像】组中的【选择】按钮，在打开的下拉列表框中选择【矩形选择】选项，如图 1-62 所示。在图像中按住鼠标左键不放，并拖动鼠标即可选择局部图像区域。选择图像后，将鼠标指针移动到选定区域内部，按住鼠标左键进行拖动即可移动图像的位置。若单击图像工具栏中的【裁剪】按钮，将自动裁剪掉多余的部分，留下被框选部分的图像。

图 1-62　打开并裁剪图形

2. 记事本

记事本是一个简单的文本编辑器，自 1985 年发布的 Windows 1.0 开始，所有的 Windows 版本内都内置这个软件。记事本存储文件的扩展名为 .txt，特点是指支持纯文本内容，即文件内容没有任何格式标签或者风格。

（1）使用记事本。选择【开始】→【Windows 附件】→【记事本】命令，打开记事本程序；也可以在 Windows 10 桌面的左下角搜索框中直接输入【记事本】，在打开的界面找到【记事本】应用，单击即可打开。打开记事本应用的主界面后，在记事本的文本编辑区域内可以输入文字，编辑之后可以选择【文件】→【保存】命令，如图 1-63 所示。

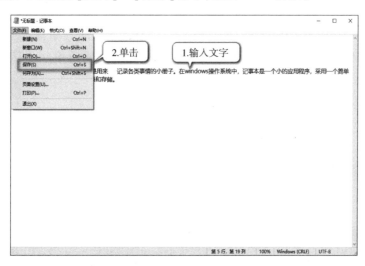

图 1-63　记事本的文件操作

（2）修改字体。在记事本应用的主界面，选择【格式】→【字体】命令，如图 1-64 所示。在打开的【字体】菜单中可以修改记事本的字体。修改完毕后，单击【确定】按钮。

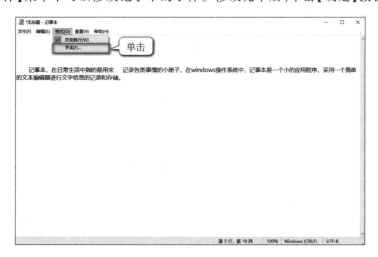

图 1-64　记事本格式设置

（3）设置自动换行。选择【格式】→【自动换行】命令，可以使文本在超过宽度时自动换行。

任务8 认识多媒体技术

任务描述

小张所在大学社团要组织策划一场迎新活动,小张主要负责搜集活动需要的主题音乐及活动过程的视频录制,并发布到学校的网站上,为了顺利完成任务,小张特意学习了关于多媒体技术的相关知识和内容。

任务要求

认识媒体与多媒体技术;认识多媒体的设备和软件;了解多媒体技术的特点;了解多媒体常用的文件格式等。

相关知识

(一)认识多媒体技术

多媒体技术是指通过计算机对文字、数据、图形、图像、动画、声音等多种媒体信息进行综合处理和管理,使用户可以通过多种感官与计算机进行实时信息交互的技术,又称计算机多媒体技术。

媒体有两种含义:一是指传播信息的实体,如语言、文字、图像、视频、音频等;二是指存储信息的载体,如 ROM、RAM、磁带、磁盘、光盘等,主要的载体有 CD-ROM、VCD、网页等。

多媒体技术中的媒体主要是指传播信息的实体,就是利用计算机把文字、图形、影像、动画、声音及视频等媒体信息都数字化,并将其整合在一定的交互式界面上,使计算机具有交互展示不同媒体形态的能力。多媒体技术的快速发展和应用极大地推动了许多产业的变革和发展,并逐步改变着人类社会的生活方式。多媒体系统的应用更以极强的渗透力进入人类生活的各个领域,如游戏、教育与培训、商务演示、电子出版物、娱乐、艺术、广播电视、金融交易、建筑设计等领域。此外,视频会议、可视电话等也为人们提供了更全面的信息服务。目前,多媒体技术主要包括音频、视频、图像、图像压缩技术和通信技术。

(二)认识多媒体的设备和软件

通常多媒体系统由多媒体硬件系统、多媒体操作系统、多媒体创作工具和多媒体应用系统等四部分组成。下面主要针对多媒体计算机系统,来介绍多媒体设备和软件。

1. 多媒体的系统硬件

与传统的计算机相比,其中最特殊的是根据多媒体技术标准而研制生产的多媒体信息处理芯片和板卡、光驱等。具体来说,主要包括最常用的 3 种硬件。

音频卡:音频卡是处理和播放多媒体声音的关键部件,它通过插入主板扩展槽中与主机相连。卡上的输入/输出接口可以和相应的输入/输出设备相连。常见的输入设备是麦克风、收录机和电子乐器等,常见的输出设备是扬声器和音响设备等。音频卡从声源获取声音后,进行模拟/数字转换或压缩等处理,然后存入计算机中进行处理。音频卡还可以把经过计算机处理的数字化声音通过解压缩、数字/模拟转换后,送到输出设备进行播放或录制。音频卡可以支持语音和音乐等录制或播放,同时它还提供 MIDI 接口,以便连接电子乐曲。

视频卡:视频卡通过插入主板扩展槽中与主机相连。通过卡上的输入/输出接口可以与录像机、摄像机、影碟机和电视机等连接,使之能采集来自这些设备的模拟信号,并以数字化的形式存入计算机中进行编辑或处理,也可以在计算机中重新播放。通常在视频卡中固化了视频信号采集的压缩/解压缩算法。

其他外围设备:多媒体处理过程中会用到的外围设备,主要包括摄像机/录放机、数字照相机/头盔显示器、光笔/鼠标/传感器/触摸屏、话筒/喇叭、扫描仪、激光打印机、光盘驱动器、传真机和可视电话等。

2. 多媒体的计算机软件

媒体技术所涉及的各种媒体,都要求处理大量的数据,所以,多媒体软件的主要任务是让用户方便有效地组织和管理多媒体数据。多媒体软件的特点是运行在支持多媒体加工的操作系统中;能高度综合地处理各种媒体信息;具有良好的交互性,用户能随意控制软件及媒体。

一般地,我们可以根据功能将多媒体软件分成三种。

(1)多媒体操作系统。多媒体操作系统应具有实时任务调节、多媒体设备的驱动控制、多媒体数据转换及同步控制、图形用户界面管理等功能,当前的 Windows 操作系统已经完全具备这些功能。

(2)媒体处理系统工具。媒体处理系统工具主要包括媒体创作软件工具、多媒体节目写作工具、媒体播放工具,以及其他各类媒体处理工具,如多媒体数据库管理系统等。

(3)用户应用软件。用户应用软件是根据多媒体终端用户要求定制的应用软件。比如,目前比较流行的用户应用软件有 Photoshop、Flash、Illustrator、Authorware、PowerPoint、Director、3ds Max 等。

(三)了解常用媒体文件格式及工具

1. 音频文件的简介

(1)常见音频文件格式:

● WAV 格式:WAV 为微软公司(Microsoft)开发的一种声音文件格式,音质最好,但文件很大。

● 音乐 CD:通过音轨的方式将声音记录在光盘上。

● MP3 格式:是一种音频压缩技术,全称是动态影像专家压缩标准音频层面3,简称MP3,音质低于上两种格式,但压缩比可达1:12。

● WMA 格式:文件大小只有 MP3 的一半,但音质却差不多,也能用于 Internet 播放。

● RA 格式:可用于 Internet 中边下载边播放的"流式文件",文件比 MP3 小,但音质较差。

(2)常用的音频工具及文件格式见表 1-4。

表 1-4　常用的音频工具及文件格式

软 件 名 称	工 具 类 别	特 点 说 明	典型文件格式
酷狗音乐	音频播放	专业的音乐播放及下载软件	MP3、WMA
千千静听	音频播放	高品质、专业级的音频播放软件	MP3、WMA
录音机	音频编辑工具	Window 自带	WAV
Cool Edit(Audition)	音频编辑工具	功能强大的专业工具	WAV、MP3

2. 常见视频文件的格式

(1)常见视频文件格式:

● AVI 格式:即音频视频交错格式,是将语音和影像同步组合在一起的文件格式。

● WMV 格式:是微软推出的一种流媒体格式,在同等视频质量下,WMV 格式的体积非常小,因此很适合在网络播放和传输。

● MPEG 格式:是运动图像压缩算法的国际标准,现已被几乎所有的计算机平台支持,它包括 MPEG-1,MPEG-2 和 MPEG-4。

● DAT 格式:是数据流格式,即我们非常熟悉的 VCD。

● RMVB 格式:较上一代 RM 格式画面清晰很多,原因是降低了静态画面下的比特率,可以用 RealPlayer、暴风影音、QQ 影音等播放软件来播放。

(2)常用的视频工具及文件格式见表 1-5。

表 1-5　常用的视频工具及文件格式

软 件 名 称	工 具 类 别	特 点 说 明	典型文件格式
Media Player	视频播放工具	Window 自带	AVI、WMV
超级解霸	视频播放工具	功能强大的 VCD、DVD 播放工具	MPG、DAT
绘声绘影	视频编辑工具	操作简单、功能强大的影片剪辑工具	AVI、MPG
Premiere	视频编辑工具	功能强大、硬件要求高的专业工具	MPG、AVI

3. 常见图像文件的格式简介

(1)常见图像文件格式:

● JPEG 格式:是第一个国际图像压缩标准,它能够在提供良好的压缩性能的同时,提供较好的重建质量,被广泛应用于图像、视频处理领域。

● GIF 格式:GIF 的原义是"图像互换格式",GIF 图像文件的数据是经过压缩的,而且是采用了可变长度等压缩算法。在一个 GIF 文件中可以储存多幅彩色图像,如果把储存于一个文件中的多幅图像数据逐幅读出并显示到屏幕上,就可以构成一种最简单的动画。GIF 文件主要用于保存网页中需要高传输速率的图像文件。

● BMP 格式:是 Windows 操作系统中标准图像文件格式,它采用位映射存储格式,除了图像深度可选外,不采用其他任何压缩,因此,BMP 格式文件所占用的空间大。

● TIFF 格式:TIFF 标签图像文件格式是一种灵活的位图格式,主要用来存储包括照片和艺术图在内的图像,它是一种当前流行的高位彩色图像格式。

● PNG 格式:PNG 可移植网络图形格式是一种最新的网络图像文件存储格式,其设计目的是试图替代 GIF 和 TIFF 文件格式,一般应用于 Java 程序和网页中。

● WMF 格式:是 Windows 中常见的一种图元文件格式,属于矢量文件格式,具有文件小、图案造型化的特点,其图形往往较粗糙。

(2)常用的图像类型及文件格式见表 1-6。

表 1-6　常用的图像类型及文件格式

特　　点	位 图 图 像	矢 量 图 形
特征	能较好表现色彩浓度与层次	可清楚展示线条或文字
用途	复杂图像或照片	文字、商标等相对规则的图形
图影缩放结果	放大或旋转图像易失真	放大或旋转图像不易失真
制作 3D 影像	不可以	可以,不容易制作色彩变化太多的图像
文件大小	较大	较小
常用的文件格式	BMP、PSD、TIFF、GIF、JPEG	EPS、DXF、PS、WMF　SWF

项目二

了解网络技术与安全知识

项目引言

计算机网络已然成为信息化社会的重要支撑技术，其应用也越来越广泛。本章介绍计算机网络及其相关应用的基础知识。帮助同学们认识计算机网络，掌握简单局域网的组网方法，学会保护个人计算机的基本方法，了解当前计算机网络的新技术，以便更好地利用计算机网络为今后的学习、工作、生活提供服务。

学习目标

- 认识计算机网络。
- 掌握局域网组网。
- 掌握防护 PC 的基本方法。
- 了解计算机新技术。

关键知识点

- 使用浏览器。
- 局域网组网。
- 使用杀毒软件。
- 云计算。
- 大数据。
- 物联网。

任务1　认识计算机网络

任务描述

小张以前只是知道使用手机上网，上网到底是怎么回事他并不清楚，网络当中包含了哪些内容呢？让我们通过这个任务的学习,来认识计算机网络吧。

任务要求

了解计算机网络的基本知识;熟悉局域网的分类;学会收发电子邮件;掌握 Internet 的应用。

相关知识

(一)网络的发展

1. 计算机网络的定义

计算机网络也称计算机通信网。关于计算机网络最简单的定义是:一些相互连接的、以共享资源为目的、自治的计算机的集合。从共享资源的角度来看,计算机网络是指利用通信线路将不同地理位置的计算机系统相互连接起来,并使用网络软件实现网络中的资源共享和信息传递,如图 2-1 所示。最简单的计算机网络就只有两台计算机和连接它们的一条链路,即两个节点和一条链路。

图 2-1　计算机网络基本组成

2. 计算机网络的发展

1)第一阶段:诞生阶段

20 世纪 60 年代中期之前的第一代计算机网络是以单个计算机为中心的远程联机系统。典型应用是由一台计算机和全美范围内 2 000 多个终端组成的飞机订票系统。终端是一台计算机的外围设备,包括显示器和键盘,但无 CPU 和内存。随着远程终端的增多,在主机前增加了前端机。当时,人们把计算机网络定义为"以传输信息为目的而连接起来,实现远程信息处理或进一步达到资源共享的系统",这样的通信系统已具备了网络的雏形。

2)第二阶段:形成阶段

20 世纪 60 年代中期至 70 年代的第二代计算机网络是以多个主机通过通信线路互联起来,为用户提供服务,兴起于 60 年代后期,典型代表是美国国防部高级研究计划局协助开发的 ARPANET。主机之间不是直接用线路相连,而是由接口报文处理机(IMP)转接后互联的。IMP 和它们之间互联的通信线路一起负责主机间的通信任务,构成了通信子网。通信子网互联的主机负责运行程序,提供资源共享,组成了资源子网。这个时期,网络概念为"以能够相互共享资源为目的互联起来的具有独立功能的计算机之集合体",形成了计算机网络的基本概念。

3)第三阶段:互联互通阶段

20世纪70年代末至90年代的第三代计算机网络是具有统一的网络体系结构并遵循国际标准的开放式和标准化的网络。ARPANET兴起后,计算机网络发展迅猛,各大计算机公司相继推出自己的网络体系结构及实现这些结构的软硬件产品。由于没有统一的标准,不同厂商的产品之间互联很困难,人们迫切需要一种开放性的标准化实用网络环境,这样应运而生了两种国际通用的最重要的体系结构,即TCP/IP体系结构和国际标准化组织的OSI体系结构。

4)第四阶段:高速网络技术阶段

20世纪90年代末至今的第四代计算机网络,由于局域网技术发展成熟,出现光纤及高速网络技术、多媒体网络、智能网络,整个网络就像一个对用户透明的大的计算机系统,发展为以Internet为代表的互联网。

5)第五阶段:未来网络

未来计算机网络发展的主要方向:

(1)网络无处不在,任何事物都要连入互联网,那时可能也没有太多的网络终端,只需要几种集成的网络终端即可,将各种功能集成到同一台网络终端,用户可以随时随地无缝地接入互联网。

(2)带宽成本大大降低,上网将会非常便宜,并且网速非常快。

(3)安全得到保障,人们非常注重个人隐私和上网时的安全保护,那时网络的安全性是可以保证的。

(4)广泛应用IPv6,用户使用的任何接入互联网的终端设备都可以分配到一个IP地址,访问方便快捷。

(二)网络的分类

计算机网络有多种分类方法,不同的分类方法从不同的角度出发,其中最常见的网络分类方法就是按照覆盖范围来划分:局域网(Local Area Network,LAN)、城域网(Metropolitan Area Network,MAN)、广域网(Wide Area Network,WAN)和无线网(Wireless Network)。

(1)局域网。局域网是最常见、应用最广的一种网络,其覆盖范围为10 m ~ 10 km,终端数量少至两台,多则可达几百台。局域网一般位于一个建筑物或一个单位内,一般,大多数单位、学校都建立了自己的局域网。

(2)城域网。城域网也称市域网,其覆盖范围为10 ~ 100 km,连接的计算机数量更多。这种网络一般来说是在一个城市,但不在同一地理小区范围内的计算机互联,在地理范围上可以说是局域网的延伸,多个局域网的互连,就构成了城域网。由于高速网络技术的发展,局域网和城域网之间的概念逐渐被淡化。

（3）广域网。广域网也称远程网,其覆盖范围为几百千米到几千千米。因为距离较远,所以传输时延大。广域网因为所连接的终端多,受到总带宽的限制,所以速率一般较低。

（4）无线网。无线网特别是无线局域网有很多优点,如易于安装和使用。但无线局域网也有一些不足之处:数据传输率较低,远低于有线局域网;无线局域网的误码率比较高,而且站点之间相互干扰比较厉害。

（三）网络的功能

（1）资源共享。凡是入网用户均能享受网络中各个计算机系统的全部或部分软件、硬件和数据资源,为最本质的功能。

（2）负载均衡。网络中的每台计算机都可以通过网络相互成为后备机。一旦某台计算机出现故障,它的任务就能由其他的计算机代为完成。这样可以避免在单机情况下,一台计算机发生故障引起整个系统瘫痪的现象,从而提高系统的可靠性。而当网络中的某台计算机负担过重时,网络又可以将新的任务交给较空闲的计算机完成,均衡负载,从而提高了每台计算机的可用性。

（3）分布处理。通过算法将大型的综合性问题交给不同的计算机同时进行处理。用户可以根据需要合理选择网络资源,就近快速地进行处理。

（四）网络的体系结构

随着全球信息互通的发展要求,不同网络体系结构的用户迫切需要信息交流。为了使不同体系结构的计算机网络能互连,国际标准化组织 ISO 于 1977 年提出了计算机在世界范围内互连成网的标准框架,即著名的开放系统互连基本参考模型 OSI/RM（Open Systems Interconnection Reference Model）,简称 OSI。常见的计算机网络体系结构有 OSI 和 TCP/IP（传输控制协议/网际协议）等。

OSI 仅是国际标准化组织提出的作为发展计算机网络的指导性标准,而 TCP/IP 是在 Internet 上采用的事实上的国际标准,TCP/IP 协议簇与 OSI 参考模型的关系如下:

（1）物理层与 OSI 的物理层相对应,包含了多种与物理介质相关的协议,这些物理介质用以支撑 TCP/IP 通信。

（2）数据链路层与 OSI 的数据链路层相对应,包含了控制物理层的协议:如何访问和共享介质、怎样标识介质上的设备,以及在介质上发送数据之前如何完成数据成帧。典型的数据链路协议有 IEEE 802.3/以太网、帧中继、ATM 以及 SONET。

（3）Internet 层与 OSI 的网络层相对应,主要负责定义数据包格式和地址格式,为经过逻辑网络路径的数据进行路由选择。

（4）传输层与 OSI 的传输层相对应,指定了控制 Internet 层的协议。

（5）应用层与 OSI 的会话层、表示层、应用层相对应,应用层最常用的服务是向用户提供访问网络的接口。

（五）网络的硬件系统和软件系统

1. 网络中常用硬件

1）网络适配器

网络适配器简称网卡，是一块被设计用来允许计算机在计算机网络上进行通讯的计算机硬件，现在网卡的功能大多集成在主板上。每张网卡上销售商分配了唯一的 MAC 地址。

无线网卡实际上是一种终端无线网络设备，它是需要在无线局域网的覆盖下通过无线连接网络使用的。无线网卡是使台式机可以利用无线信号来上网的硬件，部分不支持 Wi-Fi 功能的笔记本式计算机也可以使用无线网卡来连接无线网络。

2）路由器

路由器又称网关设备，如图 2-2 所示。路由器是网络互联中的重要设备，主要用于局域网和广域网互联，路由器具有转发数据、选择路径和过滤数据的重要功能。

3）传输介质

（1）双绞线（Twisted Pair，TP），是局域网中最常用的传输介质，如图 2-3 所示。双绞线是由两根具有绝缘保护层的铜导线组成的。把两根绝缘的铜导线按一定密度互相绞在一起，每一根导线在传输中辐射出来的电波会被另一根线上发出的电波抵消，有效降低信号干扰的程度。

图 2-2　路由器　　　　　图 2-3　双绞线

美国电子工业协会（EIA）和美国电信工业协会（TIA）制定了标准，其中 568A 的线序定义为：绿白、绿、橙白、蓝、蓝白、橙、棕白、棕。568B 的线序定义为：橙白、橙、绿白、蓝、蓝白、绿、棕白、棕。

如果用于不同设备之间互连，例如交换机和 PC，线序标准为：568B-568B；如果用于同种设备之间互连，例如 PC 和 PC 或者交换机和交换机，线序标准为：568A-568B。

（2）同轴电缆，由里到外分为四层：中心铜线（单股的实心线或多股绞合线），塑料绝缘体，网状导电层和电线外皮。中心铜线和网状导电层形成电流回路。因为中心铜线和网状导电层为同轴关系而得名。其使用和维护都较方便，但价格比双绞线高。

（3）光纤（Optical Fiber），是光导纤维的简写，是一种由玻璃或塑料制成的纤维，可作为光传导工具，结构如图 2-4 所示。其传输原理是利用光的全反射来传输信号，光纤的优点是：不受外界电磁干扰、信号衰减低、传输距离远、传输速度快。

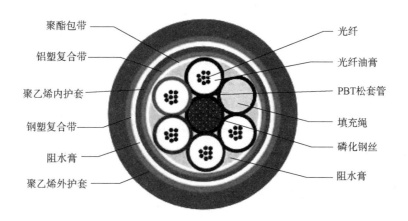

图 2 - 4　光纤结构示意图

（4）无线传输介质，使用特定频率的电磁波作为传输介质，可以避免有线介质的束缚，组成无线局域网。目前计算机网络中常用的无线传输介质有无线电波（信号频率为 30 MHz ~ 1 GHz）、微波（信号频率为 2 ~ 4 GHz）、红外线（信号频率为 3×10^{11} ~ 2×10^{14} Hz）。

（5）交换机

交换机（见图 2 - 5）具备自动寻址能力和交换功能，它能根据传输数据中的目的地址将数据包从源端口送至目的端口，使用交换机可以把局域网分成网段，减少流量，避免冲突，增加带宽，提高局域网的性能。

图 2 - 5　交换机

2. 网络中的软件

在网络系统中，网络上的每个用户都可享有系统中的各种资源，系统必须对用户进行控制。否则，就会造成系统混乱、信息数据的破坏和丢失。为了协调系统资源，系统需要通过软件工具对网络资源进行全面的管理、调度和分配，并采取一系列的安全保密措施，防止用户对数据和信息进行不合理的访问，以防数据和信息的破坏与丢失。网络软件是实现网络功能不可缺少的软件环境。互联网采用的协议是 TCP/IP，该协议也是至今应用最广泛的协议，其他常见的协议还有 Novell 公司的 IPX/SPX 等。

通常网络软件包括：

（1）网络协议和协议软件：通过协议程序实现网络协议功能。

（2）网络通信软件：通过网络通信软件实现网络工作站之间的通信。

（3）网络操作系统：用以实现系统资源共享、管理用户对不同资源访问的应用程序，它是最主要的网络软件。

(4)网络管理及网络应用软件:网络管理软件是用来对网络资源进行管理和对网络进行维护的软件;网络应用软件是为网络用户提供服务并为网络用户解决实际问题的软件。

(5)网络软件最重要的特征是:网络管理软件所研究的重点不是网络中互连的各个独立的计算机本身的功能,而是如何实现网络特有的功能。

(六)无线局域网

无线局域网,是指不需要布线即可实现计算机互连的网络。1971年,夏威夷大学的研究人员创造了第一个基于封包式技术的无线电通信网络,被称为 ALOHNET 网络。这是最早的无线局域网络,它包括了 7 台计算机,采用双向星型拓扑结构横跨 4 座夏威夷的岛屿,中心计算机放置在瓦胡岛(Oahu Island)。从此,无线局域网(Wireless Local Area Network, WLAN)正式诞生了。

无线局域网绝不是用来取代有线局域网,而是用来弥补有线局域网的不足,以达到网络延伸的目的,下列情形可能需要无线局域网:

(1)移动办公的环境:大型企业、医院等移动工作的人员应用的环境。

(2)难以布线的环境:历史建筑、校园、工厂车间、城市建筑群、大型的仓库和沙漠区域等不能布线或者难于布线的环境。

(3)频繁变化的环境:活动的办公室、零售商店、售票点、医院、野外勘测、试验、军事、公安和银行金融等,以及流动办公、网络结构经常变化或者临时组建的局域网。

(4)公共场所:航空公司、机场、货运公司、码头、展览和交易会等。

(5)小型网络用户:办公室、家庭办公室(SOHO)用户。

无线局域网的优点包括:

(1)可移动性,任何地方都可以工作。

(2)不受线路或同定连接的限制。

(3)安装快速、简便。

(4)不用购买电缆。

(5)节省布线时间。

目前,无线局域网采用的传输媒体主要有两种,即红外线和无线电波。按照不同的调制方式,采用无线电波作为传输媒体的无线局域网又可分为扩频方式与窄带调制方式。即共有 3 类无线局域网:红外线(Infrared Ray,IR)局域网、扩频(Spread Spectrum,SS)局域网、窄带微波局域网。

无线局域网的缺点包括:

(1)性能。无线局域网是依靠无线电波进行传输的。这些电波通过无线发射装置进行发射,而建筑物、车辆、树木和其他障碍物都可能阻碍电磁波的传输,所以会影响网络的性能。

（2）速率。无线信道的数据传输速率与有线信道相比要低得多。目前,无线局域网的数据传输速率可达到 108 Mbit/s,适合个人终端和小规模网络应用。

（3）安全性。本质上无线电波不要求建立物理的连接通道,无线信号是发散的。从理论上讲,很容易监听到无线电波广播范围内的任何信号,造成通信信息泄漏。

任务实现

不少同学认为局域网的组建很神秘,其实,只要掌握了一些基础知识,购置一些简单的设备和工具,大胆动手,就可以亲手组建属于我们自己的局域网了。

（一）准备硬件

要组建一个简单的局域网,首先要具备以下硬件:

（1）2 台计算机,台式机或笔记本式计算机。

（2）网线（568B 线序）。

（3）路由器。

（二）网络配置

在 Windows 10 操作系统中,按照以下步骤进行操作:

（1）右击桌面左下角 Windows 图标,如图 2－6 所示。

（2）在弹出的列表中选择【命令提示符】,如图 2－7 所示。

图 2－6　操作步骤（1）

图 2－7　操作步骤（2）

（3）弹出图 2－8（a）所示的命令框,输入 netsh wlan set hostednetwork mode = allow ssid = 局域网的名字 key = 密码,如图 2－8（b）所示。

（4）在空格处输入 netsh wlan start hostednetwork 后，按【Enter】键。当提示出现已启动承载网络，表示设置完成，否则需检查是否存在输入错误。以上命令直接采用复制粘贴功能较为便捷和准确，如图 2-9 所示。

(a)　　　　　　　(b)

图 2-8　操作步骤(3)

（5）打开网络连接，如图 2-10 所示，显示局域网已创建完成。

图 2-9　操作步骤(4)　　　　**图 2-10　操作步骤(5)**

任务2　认识及应用 Internet

任务描述

小林是一名大一新生，他听说 Internet 中什么都有，非常好奇，也很想知道 Internet 到底包括了哪些内容，让我们帮助小林认识 Internet 并掌握一些基本操作吧。

任务要求

掌握 Internet 基本知识，了解 IP 地址，掌握接入 Internet 的方法，常见的 Internet 操作包括 Edge 浏览器的使用、搜索信息、上传和下载资源、使用电子邮件、通信软件的使用等。

相关知识

（一）Internet 基础

1. Internet

Internet 是 International Network（国际互联网）的缩写，音译为"因特网"。国际互联网可以说是在世界范围内所有网络的集合，因为它不仅是单一的区域网络，而是由横跨全世界的各种相连的网络所组成，就技术层次而言，国际互联网是数以千计的计算机以 TCP/IP 为通信协议连接在一起的网络，因此，Internet 可以说是分散在全球各地的资源与新通信交流媒体的总合。

2. WWW

WWW 是 World Wide Web（环球信息网）的缩写，它是由欧洲核子物理研究中心研制的。WWW 用于描述 Internet 上的所有可用信息和多媒体资源，可以使用 Web 浏览器的应用程序来访问这些信息。

3. HTML

HTML 是 Hyper Text Marked Language（超文本标记语言）的缩写。它是为"网页创建和其他可在网页浏览器中看到的信息"设计的一种标记语言。超文本标记语言是标准通用标记语言下的一个应用，也是一种规范，一种标准，它通过标记符号来标记要显示的网页中的各个部分。网页文件本身是一种文本文件，通过在文本文件中添加标记符，可以告诉浏览器如何显示其中的内容（如：文字如何处理，画面如何安排，图片如何显示等）。

HTML 有如下版本：

（1）HTML 1.0：1993 年 6 月，作为互联网工程工作小组（IETF）工作草案发布。

（2）HTML 2.0：1995 年 11 月，作为 RFC 1866 发布，于 2000 年 6 月发布之后被宣布已经过时。

（3）HTML 3.2：1997 年 1 月 14 日，W3C 推荐标准。

（4）HTML 4.0：1997 年 12 月 18 日，W3C 推荐标准。

（5）HTML 4.01（微小改进）：1999 年 12 月 24 日，W3C 推荐标准。

（6）HTML 5：是公认的下一代 Web 语言，极大地提升了 Web 在富媒体、富内容和富应用等方面的能力，被喻为终将改变移动互联网的重要推手。

4. FTP

文件传输协议（File Transfer Protocol，FTP）是用于在网络上进行文件传输的一套标准协议，它工作在 OSI 模型的第七层，TCP 模型的第四层，即应用层，使用 TCP 传输而不是 UDP，客户在和服务器建立连接前要经过一个"三次握手"的过程，保证客户与服务器之间的连接是可靠的，而且是面向连接，为数据传输提供可靠保证。

（二）IP 地址

IP 是 TCP/IP 协议族中网络层的协议，全球因特网所采用的协议族的核心协议就是 TCP/IP。IPv6（Internet Protocol Version 6）是国际互联网工程任务组（Internet Engineering

Task Force，IETE)设计的下一代 IP 协议。IPv6 正处在不断发展和完善的过程中，在不久的将来将取代被广泛使用的 IPv4，每个人将拥有更多的 IP 地址。

最初设计互联网络时，为了便于寻址以及层次化构造网络，每个 IP 地址包括两个标识码(ID)，即网络 ID 和主机 ID。同一个物理网络上的所有主机都使用同一个网络 ID，网络上的一个主机(包括网络上的工作站、服务器和路由器等)有一个主机 ID 与其对应。Internet 委员会定义了 5 种 IP 地址类型以适合不同容量的网络，即 A~E 类。

其中 A、B、C 这 3 类由国际组织(Network Information center，NIC)在全球范围内统一分配；D、E 类为特殊地址。

(1)A 类 IP 地址的子网掩码为 255.0.0.0，每个网络支持的最大主机数为
$$256^3 - 2 = 16\ 777\ 214(台)。$$

(2)B 类 IP 地址适用于中等规模的网络，每个网络所能容纳的计算机数为 6 万多台。B 类 IP 地址地址范围 128.1.0.1 ~ 191.254.255.254。B 类 IP 地址的子网掩码为 255.255.0.0，每个网络支持的最大主机数为 $256^2 - 2 = 65\ 534(台)$。

(3)C 类 IP 地址数量较多，适用于小规模的局域网络，每个网络最多只能包含 254 台计算机。C 类 IP 地址的子网掩码为 255.255.255.0，每个网络支持的最大主机数为
$$256 - 2 = 254(台)。$$

(4)D 类 IP 地址第一个字节以"1110"开始，它是一个专门保留的地址。

(5)E 类 IP 地址以"11110"开始，保留用于将来使用和实验使用。

IP 地址中不能以十进制"127"作为开头，该类地址中数字 127.0.0.1 到 127.1.1.1 用于回路测试，如：127.0.0.1 可以代表本机 IP 地址，用"http://127.0.0.1"就可以测试本机中配置的 Web 服务器。

网络 ID 的第一个 6 位组也不能全置为"0"，全"0"表示本地网络。

(三)接入 Internet

常用的 Internet 接入方式有电话线拨号(PSTN)、ISDN、ADSL、HFC(CABLE MODEM)、光纤宽带、无源光网络(PON)、无线网络等。

1. 电话线拨号

电话线拨号(Published Switched Telephone Network，PSTN)是家庭用户接入互联网的普遍的窄带接入方式，即通过电话线，利用当地运营商提供的接入号码，拨号接入互联网，速率不超过 56 Kbit/s。特点是使用方便，只需有效的电话线及自带调制解调器(MODEM)的 PC 就可完成接入。运用在一些低速率的网络应用，主要适合临时性接入或无其他宽带接入场所的使用。缺点是速率低，无法实现一些高速率要求的网络服务，其次是费用较高。

2. ISDN

ISDN(Integrated Service Digital Network，综合业务数字网)俗称"一线通"。采用数字传输和数字交换技术，将电话、传真、数据、图像等多种业务综合在一个统一的数字网络中进行传输和处理。用户利用一条 ISDN 用户线路，可以在上网的同时拨打电话、收发传真，就像两条电话线一样。

3. ADSL

ADSL(Asymmetrical Digital Subscriber Line,非对称数字用户环路)运用最广泛的铜线接入方式。ADSL可直接利用现有的电话线路,通过ADSL MODEM后进行数字信息传输。理论速率可达到8 Mbit/s的下行和1 Mbit/s的上行,传输距离可达4~5 km。ADSL2+速率可达24 Mbit/s下行和1 Mbit/s上行。

4. HFC(Cable modem)

HFC是一种基于有线电视网络铜线资源的接入方式。具有专线上网的连接特点,允许用户通过有线电视网实现高速接入互联网。适用于拥有有线电视网的家庭、个人或中小团体。特点是速率较高,接入方式方便(通过有线电缆传输数据,不需要布线),可实现各类视频服务、高速下载等。

5. 光纤宽带

通过光纤接入小区节点或楼道,再由网线连接到各个共享点上,提供一定区域的高速互联接入。特点是速率高,抗干扰能力强,适用于家庭、个人或各类企事业团体,可以实现各类高速率的互联网应用(视频服务、高速数据传输、远程交互等),缺点是一次性布线成本较高。

(四)使用浏览器

浏览器,是指用于与WWW建立连接并与之进行交互的软件,通用的浏览器一般是指网页浏览器,它可以显示在互联网或者局域网等网络中的内容。浏览器提供了超链接的功能,能让用户通过单击网页中的文字、图片迅速浏览相关的各种信息。

1. 常用网页浏览器

目前,使用最广泛的浏览器为Microsoft公司提供的IE浏览器(Internet Explorer)。在windows 10之前,微软系统自带的都是IE浏览器。在微软推出了Windows 10之后,随即推出了Microsoft Edge浏览器,它使用的是Chromium内核,目前Edge浏览器的功能对比IE优势很明显,比IE更流畅,外观相对于IE更美观。除此之外,还有一些常用浏览器及其内核:

(1)Google Chrome浏览器:Chromium内核。

(2)360浏览器:Chrome内核和IE内核。

(3)百度浏览器:IE和Webkit双内核。

(4)QQ浏览器:Chromium内核+IE双内核。

(5)搜狗浏览器:Chromium内核。

浏览器种类繁多,选择浏览器时可以根据个人习惯和工作需求等来判定。例如,平时上网使用系统自带的浏览器看看新闻即可,工作时可以选择Google Chrome浏览器等。

2. 使用浏览器

Microsoft公司推出的Microsoft Edge浏览器是最新版本,它集成了个性化、智能化、隐私保护等新功能,为用户开启更快捷、更简单和更安全的网络生活新体验。

1)浏览网页

使用Microsoft Edge浏览器访问网页的方法很简单,双击 图标,在地址栏中输入要访问的网址,然后按【Enter】键即可打开相应的网页,如图2-11所示。

图 2 – 11   通过 Edge 浏览器打开网页

2）添加网址到收藏夹

Microsoft Edge 浏览器的收藏夹功能可以帮助用户记住多个常用的网址，将网址添加到收藏夹之后，下次访问该网站时，直接单击相应的网址即可直接打开该网站。具体操作如图 2 – 12 所示。

技巧：编辑当前网页的收藏夹可以使用【Ctrl + D】组合键，管理收藏夹可以使用【Ctrl + Shift + O】组合键。

图 2 – 12   添加网址到收藏夹

（五）使用电子邮件

电子邮件（E-mail）是 Internet 应用最广的服务，通过网络的电子邮件系统，可以用非常低廉的价格（不管发送到哪里，都只需负担网费即可），以非常快速的方式（几秒之内可以发送到世界上任何指定的目的地）与世界上任何一个角落的网络用户联系。这些电子邮件可以是文字、图像、声音等各种文件。同时，可以得到大量免费的新闻、专题邮件，并实现轻松的信息搜索。正是由于电子邮件使用简易、投递迅速、收费低廉、易于保存、全球畅通无阻，使其被广泛应用，并极大地改变了人们的交流方式。

近年来随着 Internet 的普及和发展,万维网上出现了很多基于 Web 页面的免费电子邮件服务,用户可以使用 Web 浏览器访问和注册用户名与口令,一般可以获得存储容量达数GB 的电子邮箱,并可以用注册的用户名登录,收发电子邮件。如果经常需要收发一些大的附件,网易(mail. 163. com),腾讯(mail. qq. com)等都能很好地满足要求。

用户使用 Web 电子邮件服务时几乎无须设置任何参数,可直接通过浏览器收发电子邮件,阅读与管理服务器上个人电子信箱中的电子邮件(一般不在用户计算机上保存电子邮件)。大部分电子邮件服务器还提供了自动回复功能。电子邮件具有使用简单方便、安全可靠、便于维护等优点,缺点是用户在编写、收发、管理电子邮件的全过程都需要联网,不利于采用计时付费上网的用户。由于现在电子邮件服务被广泛应用,用户都会使用,所以具体操作过程不再赘述。

任务实现

有许多刚接触网络的同学还不知道怎样申请电子邮件地址,下面将为大家详细地介绍电子邮件地址申请的步骤。

(1)计算机开机进入系统,打开浏览器;或者使用手机打开浏览器;或者使用网易旗下产品选择邮箱登录注册即可。在浏览器地址栏中输入 mail. 163. com,或者在网页上找到网易邮箱的链接并点击,即可打开网易邮箱的登录页面,如图 2 - 13 所示。

图 2 - 13　163 网易邮箱首页

(2)单击登录页面右侧【注册免费邮箱】超链接,打开网易 163 邮箱的注册页面,如图 2 - 14 所示。

(3)该界面有两个标签:【免费邮箱】和【VIP 邮箱】。其中 VIP 邮箱是付费邮箱,功能更多,安全性能更好。本任务以免费邮箱为例。

(4)在【邮箱地址】文本框中输入 6 ~ 18 个字符,可使用字母、数字、下画线,需以字母开头。然后为电子邮箱设置密码,建议采用尽可能复杂,又能记住的密码。

(5)输入注册者正在使用的一个手机号码,并用手机扫描弹出的二维码,免费获得验证。

图 2-14　163 网易邮箱注册界面

（6）填写过程中，如果输入了错误的信息或者不符合电子邮箱要求的信息时，系统会自动提示，可立即进行修改。最后，勾选【同意《服务条款》、《隐私政策》和《儿童隐私政策》】复选框，单击【立即注册】按钮完成注册。

（7）在邮箱登录界面输入新注册的账号和密码，单击【登录】按钮，登录到邮箱账户，如图 2-15 所示。

图 2-15　新申请的 163 网易邮箱

任务3　防护 PC

📖 任务描述

小刘刚从大学毕业,进入见习单位。部门领导告诉他,办公计算机异常缓慢,常出现病毒检测报警的声音,可能感染了病毒,希望小刘能找出病毒,并查杀。

📖 任务要求

了解病毒基本知识;熟悉杀毒软件查杀病毒的方法和操作步骤,以及病毒防范的常见方法。

💻 相关知识

(一)认识计算机病毒

在查杀计算机病毒前,先了解计算机病毒的定义、特点、感染表现、分类、传播途径。

1. 计算机病毒的定义

计算机病毒(Computer Virus):人为在计算机程序中插入的破坏计算机功能或数据的代码,能影响计算机使用,能自我复制的一组计算机指令或程序代码。计算机病毒是一个程序,一段可执行码。

计算机病毒的生命周期:开发期→传染期→潜伏期→发作期→发现期→消化期→消亡期。

2. 计算机病毒的特征

计算机病毒与生物病毒有相似之处,具有自我繁殖、互相传染以及激活再生等生物病毒特征。但也有不同点,归纳起来,它具有以下主要特征。

(1)破坏性。计算机病毒的目的在于破坏系统的正常运行,主要表现有占用系统资源、破坏用户数据、干扰系统正常运行。恶性病毒的危害性很大,严重时可导致系统死机,甚至网络瘫痪。

(2)传染性,也称自我复制或叫传播性,这是其本质特征。在特定条件下,病毒可以通过某种渠道从一个文件或一台计算机上传染到另外的没被感染的文件或计算机。

(3)隐蔽性。计算机病毒一般是具有很高编程技巧、短小灵活的程序,通常依附在正常程序或磁盘中较隐蔽的地方,也有的以隐含文件夹形式出现,用户很难发现。如果不经过代码分析,是很难将病毒程序与正常程序区分开的。

(4)隐蔽性。计算机被感染病毒后,一般不会立刻发作,病毒进行潜伏。只要满足触发条件,计算机病毒就会被激活,病毒程序(代码)启动。

除此之外,还有针对性、衍生性(变异性)、可执行性、不可预见性等特点。

提示:常见病毒触发条件有不小心点击带病毒的链接地址、达到病毒激活的固定时间点、打开带病毒文件(邮件、图片、压缩文件)等。

3. 计算机感染病毒的表现

计算机感染病毒后,常有以下表现。

(1)计算机系统引导速度或运行速度减慢,经常无故死机。

(2)Windows 操作系统无故频繁出现错误,计算机屏幕上出现异常显示。

(3)Windows 系统异常,无故重新启动。

(4)计算机存储的容量异常减少,执行命令出现错误。

(5)在一些非要求输入密码的时候,要求用户输入密码。

(6)不应驻留内存的程序一直驻留在内存。

(7)磁盘卷标发生变化,或者不能识别硬盘。

(8)文件丢失或文件损坏,文件的长度发生变化。

(9)文件的日期、时间、属性等发生变化,文件无法正确读取、复制或打开。

4. 计算机病毒的分类

(1)按其破坏性可分为:良性病毒和恶性病毒。

①良性病毒:是指那些只是为了表现自身,并不彻底破坏系统和数据,但会占用系统资源,降低系统工作效率的一类计算机病毒。该类病毒多为恶作剧者的产物。

②恶性病毒:一旦发作,会破坏系统或数据,造成计算机系统瘫痪的一类计算机病毒。该类病毒危害极大,常表现为封锁、干扰、中断输入输出,删除数据、破坏系统,使用户无法正常工作,严重时使计算机系统瘫痪。

(2)按连接方式可分为:源码型、嵌入型、操作系统型和外壳型病毒。

①源码型病毒:较为少见,亦难以编写。它要攻击高级语言编写的源程序,在源程序编译之前插入其中,并随源程序一起编译、连接成可执行文件。

②嵌入型病毒:可用自身代替正常程序中的部分模块,它只攻击某些特定程序,针对性强。一般难以被发现,清除困难。

③操作系统型病毒:可用其自身部分加入或替代操作系统的部分功能。因其直接感染操作系统,危害性较大,可导致系统瘫痪。

④外壳型病毒:将自身附着在正常程序的开头或结尾,相当于给正常程序加外壳。大部分的文件型病毒都属于这一类。

(3)按寄生方式可分为:引导扇区型病毒、文件型病毒以及集两种病毒特性于一体的复合型病毒和宏病毒、网络病毒。

①引导扇区型病毒:它会潜伏在启动 U 盘或硬盘的引导扇区或主引导记录中。如果计算机从被感染的 U 盘引导,病毒会感染引导硬盘,并把病毒代码调入内存。病毒可驻留在内存内并感染被访问的 U 盘。触发引导扇区型病毒的典型事件是系统日期和时间。

②文件型病毒:一般只传染磁盘上的可执行文件(如 .com,. exe)。在用户运行染毒的可执行文件时,病毒首先被执行,然后病毒驻留内存伺机传染其他文件或直接传染其他文件。这类病毒的特点是附着于正常程序文件中,成为程序文件的一个外壳或部件。当该病毒完成了它的工作后,其正常程序才被运行,使人看起来仿佛一切都很正常。

③宏病毒:是目前最常见的病毒类型,宏病毒不仅可以感染数据文件,还可以感染其他文件。宏病毒可以感染 Microsoft Office Word、Excel、PowerPoint 和 Access 文件。

④网络病毒：可以通过网络传播，同时破坏某些网络组件（服务器、客户端、交换和路由设备）的病毒就是网络病毒。狭义上认为，局限于网络范围的病毒就是网络病毒，即网络病毒应该是充分利用网络协议及网络体系结构作为其传播途径或机制，同时网络病毒的破坏也应是针对网络的。

5. 计算机病毒的传播途径

计算机病毒有自己的传输模式和不同的传输路径。常见传输方式有以下三种。

（1）通过移动存储设备传播：U 盘、光盘、软盘、移动硬盘等是常见的病毒传播路径，因为它们经常被移动和使用，所以成为计算机病毒的常见携带者。

（2）通过网络传播：网页、电子邮件、QQ、BBS 等网络传播途径，近年来，随着手机的普及，针对手机的病毒越来越多，如当前常见的钓鱼链接、网站。

（3）利用计算机系统和应用软件的漏洞传播：这是计算机病毒基本传播方式，为此，操作系统软件、应用软件公司常针对这些漏洞开发补丁程序。

6. 全球 8 大计算机病毒

（1）勒索病毒。勒索病毒是一种源自美国国安局的一种计算机病毒。全世界都受到了影响，其中英国医疗系统陷入瘫痪、大量病人无法就医，中国的高校校内网也被感染。受害机器的磁盘文件会被加密，只有支付赎金才能解密恢复，当时的勒索金额为 0.05 个比特币。据最新的报导称勒索病毒事件幕后黑客已收到 8.2 个比特币，约为 14 000 美元。

（2）CIH 病毒。CIH 病毒是一位名叫陈盈豪的台湾大学生所编写的，最早随国际两大盗版集团贩卖的盗版光盘在欧美等地广泛传播，后来经互联网各网站互相转载，使其迅速传播。当时，全球不计其数的计算机硬盘被垃圾数据覆盖，这个病毒甚至会破坏计算机的 BIOS，最后连计算机都无法启动。

（3）梅利莎病毒。1998 年，大卫·史密斯运用 Word 软件里的宏运算编写了一个电脑病毒，这种病毒是通过微软的 Outlook 传播的。史密斯把它命名为梅丽莎，一位舞女的名字。一旦收件人打开邮件，病毒就会自动向 50 位好友复制发送同样的邮件。史密斯把它放在网络上之后，这种病毒开始迅速传播。直到 1999 年 3 月，梅利莎登上了全球报纸的头版。据统计，当时梅利莎感染了全球 15%～20% 的商用 PC。病毒传播速度之快令美国联邦政府十分重视，还迫使 Outlook 中止了服务，直到病毒被消灭。而史密斯也被判 20 个月监禁，同时被处 5 000 美元罚款。这也是第一个引起全球社会关注的计算机病毒。

（4）冲击波病毒。冲击波病毒是利用在 2003 年 7 月 21 日公布的 RPC 漏洞进行传播的，该病毒于当年 8 月爆发。它会使系统操作异常、不停重启、甚至导致系统崩溃。另外该病毒还有很强的自我防卫能力，它还会对微软的一个升级网站进行拒绝服务攻击，导致该网站堵塞，使用户无法通过该网站升级系统，使计算机丧失更新该漏洞补丁的能力。而这一病毒的制造者居然只是一个 18 岁的少年，这个名叫杰弗里·李·帕森的少年最后被判处 18 个月监禁。

（5）爱虫病毒。爱虫与梅利莎类似，也是通过 Outlook 电子邮件系统传播，不过邮件主题变为了"I Love You"，打开病毒附件后，就会自动传播。该病毒在很短的时间内就袭击了全球无以数计的计算机，并且，它还是个很挑食的病毒，专门入侵那些具有高价值 IT 资源的计算机系统，比如美国国安部门、CIA、英国国会等政府机构、股票经纪及那些著名的跨国公司等。"爱虫"病毒是迄今为止发现的传染速度最快而且传染面积最广的计算机病毒。

（6）震荡波病毒。震荡波于 2004 年 4 月 30 日爆发，短短的时间内就给全球造成了数千万美元的损失。电脑一旦中招就会莫名其妙地死机或重新启动计算机；而在纯 DOS 环境下执行病毒文件，则会显示出谴责美国大兵的英文语句。

（7）MyDoom 病毒。MyDoom 是一种通过电子邮件附件和 P2P 网络 Kazaa 传播的病毒。在 2004 年 1 月 28 日爆发，在高峰时期，导致网络加载时间减慢 50% 以上。它会自动生成病毒文件，修改注册表，通过电子邮件进行传播。芬兰一家安全软件和服务公司甚至将其称为病毒历史上最厉害的电子邮件蠕虫。据估计，该病毒的传播占爆发当日全球电子邮件通信量的 20% ~30%，全球有 40 万 ~50 万台计算机受到了感染。

（8）熊猫烧香病毒。"熊猫烧香"病毒于 2007 年 1 月初开始肆虐网络，它主要通过下载的档案传染，受到感染的机器文件因为被误携带，间接对其他计算机程序、系统破坏严重。短短的两个多月，该病毒不断入侵个人计算机，给上百万个人用户、网吧及企业局域网用户带来无法估量的损失，被《2006 年度中国大陆地区电脑病毒疫情和互联网安全报告》评为"毒王"。熊猫烧香作者只为炫技，2007 年 9 月 24 日，"熊猫烧香"案一审宣判，主犯李俊被判刑 4 年。

（二）熟悉病毒查杀和防范

计算机病毒的病毒查杀和防范，经常需要用到杀毒软件。目前常用的杀毒软件有：360 杀毒、瑞星杀毒、诺顿杀毒、金山毒霸、卡巴斯基、Avira AntiVir（德国小红伞）等。

1. 杀毒软件的功能

杀毒软件是一种可以对病毒、木马等一切已知的对计算机有危害的程序代码进行清除的程序工具，主要包括以下功能。

（1）病毒实时监控，对计算机系统易受病毒入侵的关键位置，如注册表、系统服务、系统文件、进程等进行实时病毒监测和保护。如在网购、网络聊天、玩游戏时，实时保护账户安全。

（2）病毒扫描和清除，及时掌握当前计算机的安全状况；感染病毒时，对计算机内的所有文件进行查杀。

（3）主动防御，通过动态仿真反病毒专家系统对各种程序动作的自动监视，自动分析程序动作之间的逻辑关系，综合应用病毒识别规则知识，实现自动判定病毒，达到主动防御的目的。

（4）数据恢复。对被病毒损坏的文件进行修复的技术，如病毒破坏了系统文件，杀毒软件可以修复或下载对应文件进行修复。

2. 病毒查杀的方式

在查杀计算机病毒时，采取不同的方法，其效果有所不同，常用方式如下。

（1）按照查杀位置不同，分为：快速查杀、全盘查杀、自定义查杀。

①快速查杀，也称闪电查杀，一般是扫描系统敏感区，如系统 C 盘的系统文件目录等，适合计算机出现明显异常的情况，可以直接用快速杀毒直接检测出病毒，然后提供查杀。

②全盘查杀，对整个计算机都进行查杀，适合定期检测计算机是否感染病毒。优点是查杀干净彻底，缺点是速度比较慢；耗时久。

③自定义查杀,是针对某一个磁盘的文件甚至某个单独程序进行病毒扫描查杀,适合已知中毒位置的快速检测方法。如高度怀疑 U 盘中毒,可用指定位置查杀方法,针对 U 盘进行查杀。

(2)按照操作系统工作模式模式不同,分为安全模式下和正常模式下的查杀。以Windows 操作系统为例,启动计算机 Windows 操作系统时,在启动菜单下选择"正常启动"系统和"带网络的安全模式"或"安全模式",就可以进入不同的模式。"带网络的安全模式"或"安全模式"下,一般只启动具有最基本功能的系统程序,绝大部分病毒作为应用程序没有被启动,即激活。因此,这种模式下查杀病毒较"正常模式"更容易、更干净。

3. 病毒防范的方法

对于一般用户,防范计算机病毒有以下常见的方法。

(1)安装防病毒软件。防病毒软件实时监测、定期查杀等功能,是计算机用户防范病毒的常用办法。

(2)使用防火墙。防火墙是通过安全管理与筛选的软件和硬件设备,帮助计算机网络于其内、外网之间构建一道相对隔绝的保护屏障,以保护用户资料与信息安全性的一种技术。一般情况,个人多数使用防火墙软件,通过安装防火墙软件防御病毒攻击。

(3)安装系统漏洞补丁。漏洞是在硬件、软件、协议的具体实现或系统安全策略上存在的缺陷,从而可以使攻击者能够在未授权的情况下访问或破坏系统。操作系统,尤其是Windows 操作系统、各种软件、游戏等,被发现存在漏洞(或称 Bug),可能使用户在使用系统或软件时出现干扰工作或有害于安全的问题后,由程序员写出一些可插入于源程序的程序语言,这就是补丁。操作系统的漏洞可以通过及时打上漏洞补丁,来防止病毒、木马及恶意软件的攻击。

(4)养成良好习惯,提高安全意识,减少传播途径。

①不使用和打开来历不明的光盘和可移动存储设备。

②不随意点击不明网络链接。

③不随意浏览不良网站。

④不打开来历不明的邮件。

⑤关闭可疑的端口。

⑥定期做好系统、数据等备份。

任务实现

以 Windows 操作系统为例,启动时,通过系统"启动菜单"进入"网络安全模式",升级杀毒软件至最新版本,再进行全盘扫描和查杀病毒,小刘就可以完成任务了。

任务4　认识 IT 新技术

任务描述

科技的发展日新月异,而 IT 技术则是科技发展的最前沿,对人们的工作学习、生活、娱乐等各个方面的改变最为深刻。认识 IT 新技术的发展现状有助于人们拓宽视野、增长见闻,更好地适应新技术的变化。

任务要求

掌握 IT 新技术的实现方式及应用场景,根据所学知识,展望未来的技术发展方向,并结合日常生活,思考如何把新技术应用于学习生活中。

相关知识

(一)认识云计算

云计算是一种新的计算模式,是分布式计算、并行计算和网格计算的发展,或者说是这些科学概念的商业实践。

1. 云计算的定义

目前,云计算没有统一的定义,一般认为云计算服务应该具备以下特征。

- 随需应变自助服务。
- 随时随地用任何网络设备访问。
- 多人共享资源池。
- 快速重新部署灵活度。
- 可被监控与量测的服务。

2. 云计算的发展

最早的云计算概念可以追溯到 1983 年,升阳计算机系统有限公司提出的"网络即电脑"的理念。该公司认为,未来的计算机公司不再需要为用户提供高性能个人计算机,而是通过网络服务来满足用户的计算需求。

2006 年 3 月,亚马逊公司推出了弹性计算云服务,为美国的中小公司提供网络服务支持,中小型的网络企业不再需要自设机房和服务器,也不需要为机房提供电费或房租等支出,只需要向亚马逊云服务(Amazon Web Service,AWS)统一支付一笔租赁服务器的费用,由 AWS 集中化管理服务器机房。AWS 可以通过自建发电站、郊区自由选址、统一化人员培训等方式,将电费、房租、人员维护费用等成本降低。并且能够根据实际使用需求,动态调配服务器计算资源,减少重复建设,提高运用效率。这是云计算理念的首次商业化实践。

2007 年 10 月,Google 公司与 IBM 开始在美国大学校园内推广云计算项目,并提供软硬件支持,使得学生可以通过网络开发各项以大规模计算为基础的研究项目,这是云计算概念的首次开放学术实践。

2009 年 9 月,阿里巴巴集团在国内率先创办了阿里云,为中国与海外企业提供云计算与储存服务。

2014 年 6 月,由阿里云提供技术支持的云政务平台浙江政务服务网上线,如图 2-16 所示。

3. 云计算的类型

1)基础设施即服务 (Infrastructure as a Service,IaaS)

IaaS 包含云 IT 的基本构建块。它通常提供对网络功能、计算机(虚拟或专用硬件)和数据存储空间的访问。IaaS 为用户提供最高级别的灵活性,并使用户可以对 IT 资源进行管理控制。它与许多 IT 部门和开发人员熟悉的现有 IT 资源最为相似。

2)平台即服务（Platform as a Service,PaaS）

PaaS 让用户无需管理底层基础设施(一般是硬件和操作系统),从而可以将更多精力放在应用程序的部署和管理方面。这有助于提高效率,因为用户不用操心资源购置、容量规划、软件维护、补丁安装或与应用程序运行有关的任何无差别的繁重工作。

3)软件即服务（Software as a Service, SaaS）

SaaS 提供了一种完善的产品,其运行和管理皆由服务提供商负责。在大多数情况下,人们所说的 SaaS 指最终用户应用程序(如基于 Web 的电子邮件)。使用 SaaS 产品,用户无需考虑如何维护服务或管理基础设施,只需要考虑如何使用该特定软件。

4. 云计算的应用

1)云教育

通过教育信息化,教育的不同参与者包括教师,学生家长等实现了在云技术平台上进行教育教学,交流沟通。同时对有学校特色的教育课程进行直播或录播并储存至流服务器。例如智慧树(见图 2-17)、慕课等教学平台。

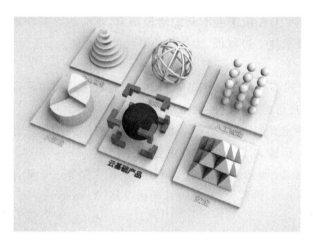

图 2-16　阿里云服务

图 2-17　智慧树

2)云商务

随着网络技术的日益发展,中小型的网络企业更多选择向大型的集成云计算提供商(如亚马逊、谷歌、阿里云等)租赁服务器和设备,从而向广大用户提供服务,有效地减少了建设服务器机房的成本,为商业创新发展提供了强大支持。

3)云政务

将云计算应用于政府部门电子政务中,利用云计算的集约、共享、高效的特点,降低政府行政成本,提升公共服务的质量和水平。

美国联邦政府购买了 AWS 的云计算服务。浙江省政府也与阿里云合作,将部分政务平台转到互联网上,由阿里云提供技术支持,如图 2-18 所示。

4)云软件

通过网络技术优化,降低网络传输延迟,允许用户使用性能简单的个人设备,通过网络运行体量较大、计算较为复杂的娱乐软件或工具软件,降低用户购置高性能个人电子设备的成本。如谷歌 STADIA 云游戏,ADOBE Creative Cloud 创意工坊等。

5. 云计算的前景

当前的云计算主要应用于互联网企业、学术机构及政府机关等单位,还没有真正进入大众生活当中。随着 5G 技术的不断发展,未来无线通信的传输延迟不断降低,通信稳定性不断提高,个人用户终端即手机,有可能不再需要承担大量的计算,所需的电池电量也极大减少,从而使得手机进一步扁平化、微型化,成为更加便捷的智能显示与操作终端。

图 2-18 浙江政务服务网

(二)认识大数据

随着互联网技术的兴起,数据正以前所未有的速度不断地增长积累,目前的数据获取速度已远远超出人工所能达到的处理速度极限。可以说,大数据的时代已经到来。

1. 大数据的定义

关于大数据的概念尚无定论,表述方式不尽相同。维基百科认为:大数据是利用常用软件工具捕获、管理和处理所消耗时间超过可容忍程度的数据集。

全球知名咨询公司麦肯锡对大数据的定义如下:大数据是指无法在短时间内用传统数据库或数据分析工具对其进行采集、存储、传输、分析及可视化的数据集合。

一种比较有代表性的定义是 5V 定义,即认为大数据应该具备五大特征:海量性(Volume)、多样性(Variety)、高速性(Velocity)、价值大(Value)和精确度高(Veracity)。

2. 大数据的发展

2004 年,谷歌公司为了解决越来越庞大的数据库导致的搜索耗时问题,提出了 MapReduce 软件构架,并将之用于大规模的数据库处理。

在学术界,顶级的科研期刊《Nature》在 2008 年推出了大数据专刊。计算社区联盟在同年也发表了报告,阐述了解决大数据问题所需的技术及面临的挑战。

3. 大数据的特征

(1)海量性(Volume)。大数据由巨型数据集组成,这些数据集大小常超出人类在可接受时间下的收集、使用、管理和处理能力。大数据的大小经常改变,单一数据集的大小从数 TB 至数 ZB(大约十亿 TB)不等。

(2)多样性(Variety)。大数据由多种类型的数据集组成,从文本图像到视频音频,包含了计算机当中所有可能的数据类型。

(3)高速性(Velocity)。大数据输入、处理和输出的速度要求都非常快,需要能够在可接受的时间范围内,收集和处理极为庞大的数据信息。

（4）价值大（Value）。大数据的价值密度低,但是因为数据体量庞大,所包含的总价值非常高。

（5）精确度高（Veracity）。大数据技术能够提供精确有效的信息,为社会生产生活提供支持。

4. 大数据的应用

在医疗行业,谷歌早在 2008 年就推出了"Google 流感趋势工具",通过大数据对美国的流感疫情进行了预测,如图 2 - 19 所示。

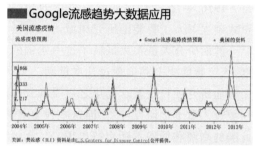

图 2 - 19　Google 流感预测

在 2020 年初的新冠肺炎疫情期间,我国通过百度地图、高德地图等地图大数据信息,进行了人口流动分析,制作人口流动信息地图,预测疫情风险区域,提前布防,有效管理,成功地减缓了新冠肺炎疫情在国内的传播。

目前,许多的安卓手机 App 都能在用户不知情或未授权的情况下,在手机后台悄悄地收集用户信息,为运营方提供用户画像,来实现精准投放广告的效果。比如新浪微博 App,会根据用户在微博的发言、转发和点赞等信息,以及用户手机中其他应用的使用习惯,初步判断用户可能是"位于上海,月收入中等偏上,喜欢购买某类奢侈品,喜欢某个明星,喜好某一类食物,25 岁的女性",进而向用户精准放广告。

5. 大数据的前景

大数据技术包含了采集、储存、分析和展示等环节,随着社会发展的不断进步,数据的采集速度的增长要明显高于数据的处理速度,因此寻找一种能够更有效提高处理速度的数据架构是首要挑战。此外,大数据技术与个人隐私保护之间存在冲突,如何让这样的技术适应社会发展,依然是一个巨大的挑战。

（三）认识人工智能

1. 人工智能的定义

人工智能（Artificial Intelligence,AI）又称机器智能,指由人制造出来的机器所表现出来的智能。通常人工智能是指通过普通计算机程序来呈现人类智能的技术。该词也指研究这样的智能系统是否能够实现,以及如何实现的学科。

2. 人工智能的发展

人工智能（见图 2 - 20）的历史源远流长。在古代的神话传说中,技艺高超的工匠可以制作人造人,并为其赋予智能或意识。现代意义上的 AI 始于古典哲学家用机械符号处理的观点解释人类思考过程的尝试。

20 世纪 40 年代,可编程数字计算机的发明使一批科学家开始严肃地探讨构造一个电子大脑的可能性。

1950 年，图灵预言了创造出具有真正智能的机器的可能性，并提出了著名的图灵测试：如果一台机器能够与人类展开对话而不能被辨别出其机器身份，那么称这台机器具有智能。图灵测试是人工智能哲学方面第一个严肃的提案。

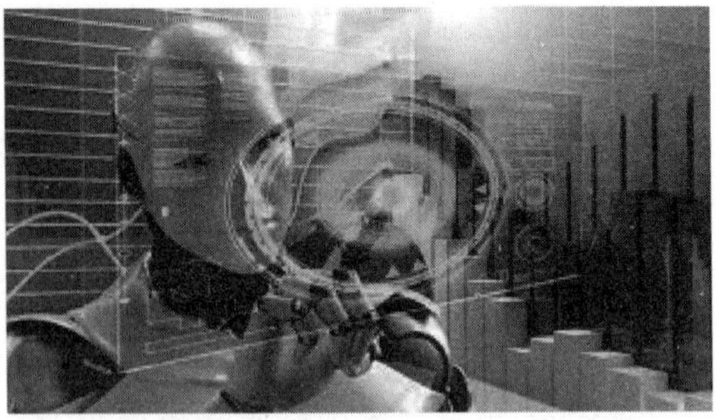

1956 年，在达特茅斯学院举行的会议上正式确立了人工智能的研究领域。

图 2-20　人工智能

然而研究人员大大低估了这一工程的难度，人工智能史上共出现过几次低潮。美国和英国政府于 1973 年停止向没有明确目标的人工智能研究项目拨款。七年之后受到日本政府研究规划的刺激，美国政府和企业再次在 AI 领域投入数十亿研究经费，但这些投资者在 80 年代末重新撤回了投资。AI 研究领域诸如此类的高潮和低谷不断交替出现。

进入 21 世纪，得益于大数据和计算机技术的快速发展，机器学习技术成功应用于经济社会中的许多问题。到 2016 年，AI 相关产品、硬件、软件等的市场规模已经超过 80 亿美元，纽约时报评价道：AI 已经到达了一个热潮。大数据应用也开始逐渐渗透到其他领域，例如生态学模型训练、经济领域中的各种应用、医学研究中的疾病预测及新药研发等。深度学习（特别是深度卷积神经网络和循环网络）更是极大地推动了图像和视频处理、文本分析、语音识别等问题的研究进程。

如今的人工智能技术，通过让 AI 进行反复的训练、试错及纠正，不断尝试提高训练的准确率。现在，最先进的神经网络结构在某些领域已经能够达到甚至超过人类平均准确率，比如浙江大学团队的植物图像识别软件"形色"、科大讯飞的语音识别输入法、谷歌 DeepMind 团队的围棋 AI——AlphaGo 以及《星际争霸 II》游戏 AI——AlphaStar 等。

但是我们需要认识到，目前人工智能的发展还处于十分初级的阶段，机器的智能程度依然很低，人工智能只能在非常狭窄的特定领域进行应用，尚不能到达跨领域、大范围的人工智能应用。

3. 人工智能的原理

如今的人工智能，最主要的实现方法是机器学习与人工神经网络。

（1）机器学习（Machine Learning），是研究如何使用计算机模拟或实现人类的学习活动。学习是人类智能的重要特征，是获得知识的基本手段，而机器学习也是使计算机具有智能的根本途径。

深度学习（Deep Learning）是机器学习的分支，是一种以人工神经网络为架构，对数据进行特征学习的算法，如图 2-21 所示。

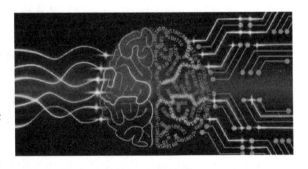

图 2-21　深度学习

（2）人工神经网络（Artificial Neural Network），是由大量处理单元即神经元互连而成的网络，也常简称为神经网络或类神经网络。神经网络是对人脑或自然神经网络一些基本特性的抽象和模拟，其目的在于模拟大脑的某些机理与机制，从而实现某些方面的功能。

4．人工智能的应用

（1）语音识别。目前人工智能已经广泛应用于语音识别软件中，如苹果的 Siri、小米的小爱音箱、科大讯飞的语音输入法等，如图 2-22 所示。通过语音等自然语言输入，效率往往比键盘输入更高，使用也更自然。

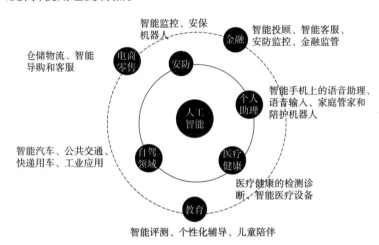

图 2-22　人工智能企业的主要应用领域

（2）自然语言生成。人工智能已经能够有效地将数据转化为文本，用于客户服务生成报告以及市场概述等场景中。

（3）生物信息识别。人工智能能够准确地识别个人的生物信息，包括但不限于人脸图像识别、步态识别、声纹识别等。被识别的生物信息可用于治安维护、犯罪侦查、疫情追踪等领域。

5．人工智能的前景

人工智能是一门历史悠久、历经波折却历久弥新的学科。人工神经网络是对生物大脑的抽象和模拟，而其复杂度只有人类大脑的百万分之一，智能水平距离图灵所设想的强人工智能依然有非常大的差距。

同时，关于人工智能的伦理与道德的讨论从未停歇，不只是科学家，文学家、政治家、经济学家、社会学家等都广泛地参与到了人工智能发展的讨论中。什么样的人工智能真正有益于人类？问题的答案依然悬而未决。

（四）认识物联网

1．物联网的定义

国际标准化组织 ISO 将物联网定义为"一种物、人、系统和信息资源互联的基础设施，结合智能服务，使其能够处理物理和虚拟世界的信息并做出响应"。

物联网可以看作互联网的扩充。互联网将人与人、人与物联系起来，而物联网需要做的是把物与物也联系在一起。

2. 物联网的发展

物联网理念最早可追溯到比尔·盖茨 1995 年《未来之路》一书。在《未来之路》中,比尔·盖茨已经提及物物互联,只是当时受限于无线网络、硬件及传感设备的发展,并未引起广泛重视。

1998 年,美国麻省理工学院(MIT)创造性地提出了当时被称作 EPC(Electronic Product Code)系统的"物联网"的构想,1999 年,美国 Auto-ID 首先提出"物联网"的概念,主要是建立在物品编码、射频识别(Radio Frequency Identification,RFID)技术和互联网的基础上。2005 年,国际电信联盟(ITU)综合了二者的内容,正式提出了"物联网"的概念,包括了所有物品的联网和应用。

3. 物联网的核心

根据信息生成、传输、处理和应用的原则,可以把物联网分为四层。

(1)感知识别层。感知识别是物联网的核心技术,是联系物理世界和信息世界的纽带。感知识别层通过射频识别 RFID、无线传感器等设备生成各种各样的信息。比如冰箱的温度传感器、扫地机器人的障碍传感器等。

(2)网络构建层。网络构建层负责把感知识别层的设备接入互联网,供上一层的服务使用。常用的技术有 WiFi、蓝牙、ZigBee、近场通信协议(NFC)等。

(3)管理服务层。在高性能计算和海量存储技术的支撑下,管理服务层将大规模数据高效、可靠地组织起来,为上层行业应用提供智能的支撑平台。主要使用了大数据技术中的数据挖掘、数据分析等技术。

(4)综合应用层。综合应用层提供了人与物,物与物的交互界面。比如用来进行智能家居的综合管理 App 米家、可以远程遥控智能汽车的钥匙等。允许用户通过互联网对物联网所连接的"物"进行直接操作。

4. 物联网的应用

物联网可以广泛应用于经济社会发展的各个领域,引发和带动生产力、生产方式和生活方式的变革。

物联网可应用于农业生产、管理和农产品加工。我国的农业机械化水平不断提高,而互联网可以更高效地利用配置的农用机械,智能调节温室大棚的温度与湿度,长时间监控粮仓的保存环境等。

物联网更广泛地应用于工业中。互联网可以持续提升工业控制能力与管理水平,实现绿色制造、智能制造,推动工业升级转型。

智联网技术的发展为智能交通提供了更透彻的感知能力,道路基础设施中的传感器和车载传感设备能够实时监控交通流量和车辆状态,并通过移动通信网络将信息传输管理中心,通过智能的交通管理和调度机制,充分发挥道路基础设施效能,最大化交通网络流量并提高安全性,优化人们的出行体验。

智能家居的核心是物联网技术。如今用户可以通过一个手机上的软件,监控家中的灯泡、音箱、电视、空调、风扇、冰箱和扫地机器人等设备的运行状态,并允许用户进行操纵。

5. 物联网的前景

可以预见的是,随着 5G 移动通信技术的大规模商业化、普及化,物联网的应用发展将迎来下一次井喷。5G 三大主要的应用场景包括增强型移动宽带、低功耗大连接和低时延高可靠。其中低功耗大链接的应用场景,让生产厂商能够生产更加小型化的物联网设备,大大扩展了能够加入物联网中"物"的范畴。在不远的未来,我们脚下的地板、窗户上的玻璃、休息室的沙发、睡觉时的枕头甚至道路旁的围栏,都可能成为物联网设备,极大地改变我们现在习惯的生活方式。

任务实现

简单云储存。

安装互联网云储存工具,如百度云等。在桌面创建"学号 + 姓名. txt"文件并上传。使用同样的云储存工具下载其他同学所上传的文件。

第二部分

应用篇

项目三

使用 Word 2013 制作文档

项目引言

Word 是 Microsoft 公司推出的一款功能强大的文字处理软件,它不仅可以进行简单的文字处理,还可以进行长文档和特殊版式的编排。本章通过 5 个任务分别介绍了 Word 2013 的文档编辑、图文混排、表格制作等操作。

学习目标

- 熟悉 Word 2013 的工作环境。
- 熟练使用 Word 2013 排版文档。
- 掌握 Word 2013 表格编辑。
- 掌握 Word 2013 邮件合并。
- 学会制作腾讯在线文档。

关键知识点

- 字符、段落格式化。
- 图文混排。
- 表格制作。
- 邮件合并。

任务 1　编辑文档——主题班会会议记录

任务描述

新学期伊始,为了帮助同学们更好地进行大学生涯规划,班主任召开了一次主题班会。

团支书小张使用 Word 2013 记录了此次班会,记录文档如图 3－1 所示。

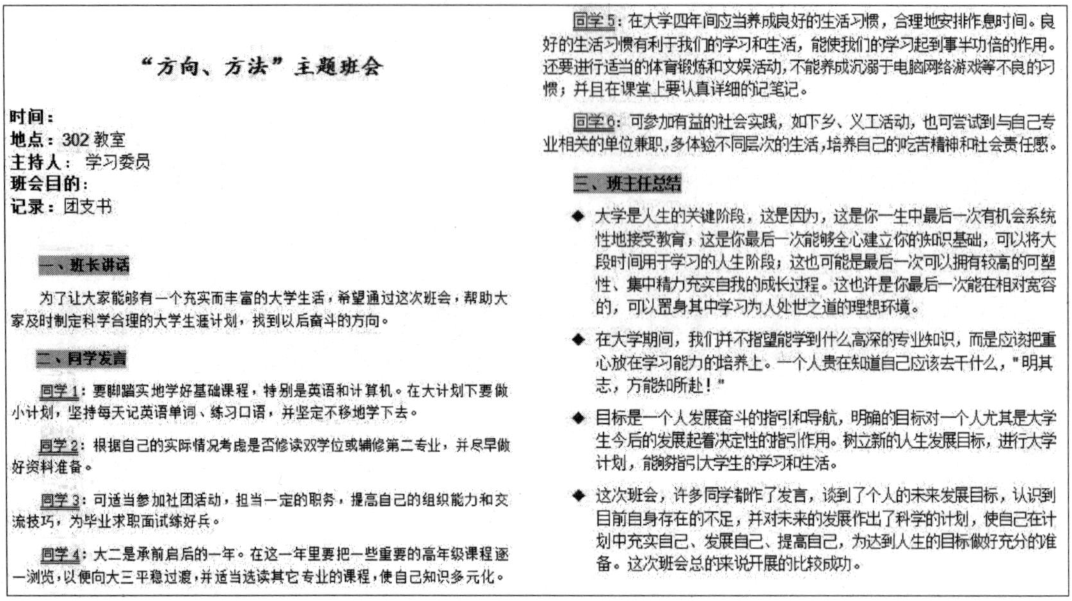

“方向、方法”主题班会

时间：
地点：302 教室
主持人： 学习委员
班会目的：
记录：团支书

一、班长讲话

为了让大家能够有一个充实而丰富的大学生活，希望通过这次班会，帮助大家及时制定科学合理的大学生涯计划，找到以后奋斗的方向。

二、同学发言

同学 1：要脚踏实地学好基础课程，特别是英语和计算机。在大计划下要做小计划，坚持每天记英语单词、练习口语，并坚定不移地学下去。

同学 2：根据自己的实际情况考虑是否修读双学位或辅修第二专业，并尽早做好资料准备。

同学 3：可适当参加社团活动，担当一定的职务，提高自己的组织能力和交流技巧，为毕业求职面试练好兵。

同学 4：大二是承前启后的一年。在这一年里要把一些重要的高年级课程逐一浏览，以便向大三平稳过渡，并适当选读其它专业的课程，使自己知识多元化。

同学 5：在大学四年间应当养成良好的生活习惯，合理地安排作息时间。良好的生活习惯有利于我们的学习和生活，能使我们的学习起到事半功倍的作用。还要进行适当的体育锻炼和文娱活动，不能养成沉溺于电脑网络游戏等不良的习惯；并且在课堂上要认真详细的记笔记。

同学 6：可参加有益的社会实践，如下乡、义工活动，也可尝试到与自己专业相关的单位兼职，多体验不同层次的生活，培养自己的吃苦精神和社会责任感。

三、班主任总结

- 大学是人生的关键阶段，这是因为，这是你一生中最后一次有机会系统性地接受教育；这是你最后一次能够全心建立你的知识基础，可以将大段时间用于学习的人生阶段；这也可能是最后一次可以拥有较高的可塑性、集中精力充实自我的成长过程。这也许是你最后一次能在相对宽容的，可以置身其中学习为人处世之道的理想环境。
- 在大学期间，我们并不指望能学到什么高深的专业知识，而是应该把重心放在学习能力的培养上。一个人贵在知道自己应该去干什么，"明其志，方能知所赴！"
- 目标是一个人发展奋斗的指引和导航，明确的目标对一个人尤其是大学生今后的发展起着决定性的指引作用。树立新的人生发展目标，进行大学计划，能够指引大学生的学习和生活。
- 这次班会，许多同学都作了发言，谈到了个人的未来发展目标，认识到目前自身存在的不足，并对未来的发展作出了科学的计划，使自己在计划中充实自己、发展自己、提高自己，为达到人生的目标做好充分的准备。这次班会总的来说开展的比较成功。

图 3－1 “主题班会”文档效果

任务要求

熟悉 Word 2013 的工作环境,掌握使用 Word 创建、编辑和保存文档的基本方法。

相关知识

(一)启动和退出 Word 2013

计算机中安装了 Office 2013 后便可启动 Word、Excel 和 PowerPoint 等相应的组件,各个组件的启动方法相似。

1. *启动* Word 2013

启动 Word 2013 主要有以下几种方法。

- 选择【开始】→【所有程序】→【Microsoft Office】→【Microsoft Word 2013】命令。
- 双击桌面上的快捷方式图标。
- 单击任务栏中的 Word 2013 快速启动图标。

2. *退出* Word 2013

退出 Word 2013 主要有以下几种方法。

- 选择【文件】→【关闭】命令。
- 单击 Word 2013 窗口右上角的【关闭】按钮 × 。
- 按【Alt + F4】组合键。

（二）熟悉 Word 2013 工作界面

Word 2013 工作界面主要由标题栏、功能区、文档编辑区、状态栏等部分组成，如图 3-2 所示。

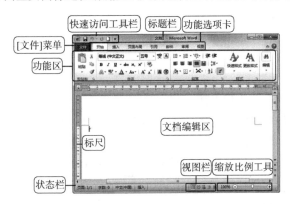

图 3-2 Word 2013 工作界面

1. 标题栏

标题栏位于 Word 2013 操作界面的最顶端，用于显示当前文档的名称。

2. "快速访问"工具栏

"快速访问"工具栏中显示了一些使用频繁的工具按钮，默认按钮有【保存】【撤销】和【恢复】按钮。用户还可以根据需要自定义工具栏，只需单击工具栏右侧的下拉按钮 ，在打开的下拉列表中选择相应选项即可。

3. 【文件】菜单

【文件】菜单主要用于执行文档的【新建】、【打开】、【保存】、【打印】、【关闭】等命令。选择菜单最下方的【选项】命令可以打开【选项】对话框，在其中可对 Word 2013 的工作环境进行设置。

4. 功能选项卡

Word 2013 默认包含了 9 个功能选项卡，单击任一选项卡可以打开对应的功能区，每个功能区中包含了相应的命令按钮集合。

5. 标尺

Word 可以用来设置或查看段落缩进、制表位、页面边界等，分为水平标尺和垂直标尺。单击【视图】→【显示】→【标尺】复选框可以控制标尺的显示或隐藏。

6. 文档编辑区

文档编辑区是输入与编辑文档内容的区域。新建一篇空白文档后，文档编辑区的左上角将显示一个闪烁的光标，称为插入点，插入点所在位置便是文本的起始输入位置。

7. 状态栏

状态栏位于 Word 工作界面的最底端，主要用于显示当前文档的工作状态，包括当前页数、字数、视图方式以及显示比例等内容。

技巧：

➢ 按住【Ctrl】键向上滚动鼠标滚轮可以增大文档显示比例，向下滚动则减小，每次的增减幅度是 10%。

➢ 使用【Alt + Tab】组合键,可在当前和最近一次使用窗口之间切换。

➢ 按住【Alt】键不放,单击【Tab】键,会显示当前正在运行的所有窗口,不断单击【Tab】键就可以选择想切换的窗口。

(三)创建并保存文档

1. 创建文档

创建空白文档常用以下几种方法。

● 选择【开始】→【所有程序】→【Microsoft Office】→【Microsoft Word 2013】命令,启动 Word 2013 将自动创建一个空白文档。

● 启动 Word 2013 后,选择【文件】→【新建】命令,选择【空白文档】。

● 单击"快速访问"工具栏中的【新建】按钮 创建空白文档。

● 按【Ctrl + N】组合键。

2. 保存文档

保存文档常用以下几种方法。

● 选择【文件】→【保存】命令。

● 单击"快速访问"工具栏中的【保存】按钮 。

● 按【Ctrl + S】组合键。

打开【另存为】对话框,在【地址栏】列表框中选择文档的保存路径,在【文件名】文本框中设置文件的保存名称,完成后单击【保存】按钮 保存(S) 即可,如图 3 - 3 所示。

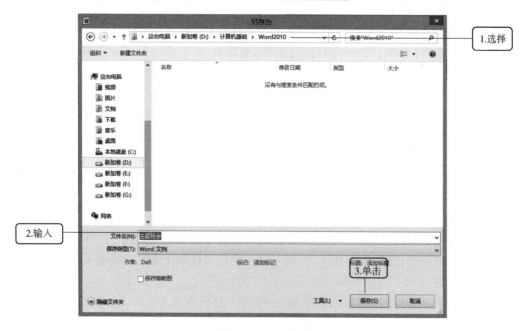

图 3 - 3　保存文档

(四)输入文档文本

创建文档后就可以在文档中输入文本。输入文本内容之前,应该先选择一种熟悉的汉字输入法。

1. 选择汉字输入法

- 单击任务栏上的 ⌨ 图标,在弹出的菜单中选择汉字输入法。
- 使用【Ctrl + Space】组合键,可以进行英文输入法和当前中文输入法之间的切换。
- 使用【Ctrl + Shift】组合键,可以在各种汉字输入法之间切换。

2. 输入文本内容

- 在 Word 文档中用段落标记标识一个段落的结束。每按一次【Enter】键便会产生一个新的段落,同时出现一个段落标记。
- 可以设置段落标记的显示或隐藏状态,方法是选择【文件】→【选项】命令,在打开的【Word 选项】对话框中单击【选项】标签,在右侧窗格中选择或取消【段落标记】复选框。

技巧

- ➤ 使用【Ctr + .】组合键,可进行中文标点符号和西文标点符号之间的切换。
- ➤ 使用【Shift + Space】组合键,可进行输入法全角和半角的切换。
- ➤ 在输入英文字母时,通常会使用【CapsLock】键控制大小写字母的转换,也可以使用【Shift】键。如果当前处于小写字母输入状态,按住【Shift】键的同时再按字母键,即可切换到大写字母输入状态,反之亦然。

(五)编辑文本

文本的基本编辑包括选定、复制、移动、删除等操作。

1. 选定文本

当需要对文档的某部分进行操作时,首先必须先选定该部分。Word 提供了多种选定文本的方法。

1)选择任意长度的连续文本

- 将鼠标指针移动到要选择的文本区域的开始处,按下鼠标左键不放并拖动至文本区域的结尾处,释放鼠标左键,这样就选择了连续的文本。
- 如果文本区域比较长,拖动鼠标会非常不方便,这时可以采用下面的方法选定大区域文本:将插入点置于需要选定的文本区域起始处,然后移动鼠标到文本区域的末端,按【Shift】键并单击鼠标左键。
- 要取消文本的选择状态,只需在任意位置单击鼠标左键即可。

2)选择任意长度的不连续文本

先选择第一处的文本,然后按住【Ctrl】键不放依次选择其他各处的文本。

3)选择一行、一段文本和整篇文档

将鼠标移动到需要选择的文本区域的起始行左侧,当鼠标指针形状变为 ⌐ 时,单击鼠标左键一次可以选定一行文本,快速单击左键两次可选定该行所在段,快速单击鼠标左键三次或者按【Ctrl + A】组合键,可选定整篇文档。

2. 复制和移动文本

1）复制文本

选择需要复制的文本，单击【开始】→【剪贴板】组中的【复制】按钮 ![复制]，然后将插入点定位到目标位置，单击【粘贴】按钮 ![]，即可完成对选定文本的复制。

2）移动文本

选择需要移动的文本，单击【开始】→【剪贴板】组中的【剪切】按钮 ![剪切]，然后将插入点定位到目标位置，单击【粘贴】按钮 ![]，即可完成对选定文本的移动。

Office 2013 的"粘贴"功能提供了 3 种粘贴格式：保留源格式、合并格式、只保留文本，用户可根据实际需要进行选择。

- 保留源格式：被粘贴的内容保留原始内容的格式。
- 合并格式：被粘贴的内容保持原始内容的部分格式，比如字形、下画线等格式，并且合并目标位置的部分格式。
- 只保留文本：被粘贴的内容清除原始内容的格式，保持与目标位置格式完全一致。

技巧：

➢ 使用【Ctrl + C】组合键，可快速将选定内容复制到剪贴板。

➢ 使用【Ctrl + X】组合键，可快速将选定内容剪切到剪贴板。

➢ 使用【Ctrl + V】组合键，可快速将选定内容粘贴到目标位置。

➢ 使用【Ctrl + Z】组合键，可撤销前面的操作。

➢ 使用【Ctrl + Y】组合键，可恢复撤销的操作。

（六）设置文本格式

在 Word 文档中可以通过设置文本的字体、字号和颜色等突出显示文字，增加文档的美观性。设置字符格式可以采用两种方法。

1. 使用【字体】组设置

使用【开始】→【字体】组中的命令按钮，如图 3 - 4 所示。

2. 使用【字体】对话框设置

打开【字体】对话框有 3 种方法。

- 单击【开始】→【字体】组右下角的对话框启动器按钮 ![]。

图 3 - 4 【字体】组中的命令按钮

- 使用【Ctrl + D】组合键。
- 右击文档，在弹出的快捷菜单中选择【字体】命令。

打开的【字体】对话框如图 3 - 5 所示。在其中的【高级】选项卡中可以设置字符的缩放、间距以及位置等。

（七）设置段落格式

段落格式包括段落缩进、段落对齐方式、行间距和段间距等。通过设置段落格式，可以

图 3 - 5 【字体】对话框

使文档层次更分明,结构更清晰。可以采用两种方法设置段落格式。

1. 使用【段落】组或标尺设置

单击【开始】→【段落】组中的命令按钮可以设置段落的对齐方式、行距、段落间距等,也可以使用标尺上的缩进按钮设置段落的缩进效果,如图 3 - 6 所示。

2. 使用【段落】对话框设置

单击【开始】→【段落】组右下角的对话框启动器按钮,弹出【段落】对话框,如图 3 - 7 所示。在【缩进和间距】选项卡中可以设置段落对齐方式、缩进、段前间距和段后间距、行距。在"换行和分页"选项卡中可以进行分页、格式设置例外项、文本框选项等的设置。【中文版式】选项卡则提供了对中文文稿的换行、字符间距等的特殊版式进行设置的命令。

图 3 - 6 【段落】组中的命令按钮　　　　**图 3 - 7 【段落】对话框**

(八)设置边框和底纹

边框和底纹包含 3 种情况:字符边框和底纹、段落边框和底纹、页面边框。

字符边框和底纹仅限于对选择的文字设置边框和底纹;段落边框和底纹是设置整个段落的边框或底纹;页面边框则是对整个文档页面的四周设置边框。

1. 设置字符边框与底纹

单击【开始】→【字体】组中的【字符边框】按钮 **A** 或【字符底纹】按钮 **A**,可以为选定的字符设置相应的边框与底纹效果。

2. 设置段落边框与底纹

单击【开始】→【段落】组中的【底纹】按钮 右侧的下拉按钮,在打开的下拉列表中可以选择不同颜色的底纹样式;单击【下框线】按钮 右侧的下拉按钮,在打开的下拉列表中可选择不同类型的框线,如果选择【边框与底纹】选项,会打开【边框和底纹】对话框,可在其中详细设置边框与底纹样式以及页面边框,如图 3 - 8 所示。

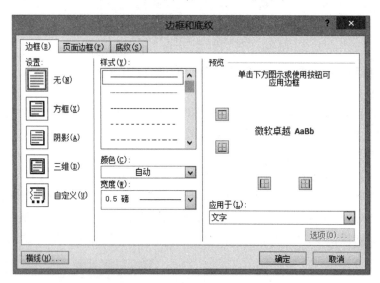

图 3 - 8 【边框和底纹】对话框

技巧:

使用【边框和底纹】对话框时,需要注意几点:

➤ 设置边框时要先选择边框的样式、颜色和宽度,然后选择边框的类型;设置底纹时直接选择底纹颜色或样式即可。

➤ 字符边框和底纹的应用范围是文字;段落边框和底纹的应用范围是段落。

(九)设置项目符号和编号

Word 提供的项目符号与编号功能可以为文档中具有并列或从属关系的段落添加符号或者编号,使文档层次分明,条理清晰。

选择要添加项目符号或编号的段落,单击【开始】→【段落】组中【项目符号】或【编号】右侧的下拉按钮,如图 3 - 9、图 3 - 10 所示,在弹出的下拉列表中选择合适的样式。

图 3-9 【项目符号】下拉列表　　　图 3-10 【编号】下拉列表

（十）查找、替换和定位

1. 查找

1）利用导航查找

单击【开始】→【编辑】→【查找】按钮，文档窗口左侧会显示导航窗格，如图 3-11 所示。输入要查找的信息，文档中所有匹配的信息将全部以黄色底纹显示。

2）利用对话框查找

单击【开始】→【编辑】→【查找】按钮右侧的下拉按钮，选择【高级查找……】选项，弹出【查找和替换】对话框，如图 3-12 所示。在【查找】选项卡的【查找内容】文本框中输入要查找的内容，单击【查找下一处】按钮，Word 将逐一查找匹配的信息。

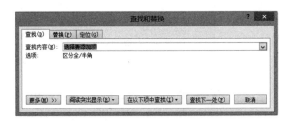

图 3-11 【查找】按钮和【导航】窗格　　图 3-12 【查找和替换】对话框【查找】选项卡

2. 替换

1）不带格式的查找和替换

在【查找和替换】对话框中切换至【替换】选项卡，如图 3-13 所示。在【查找内容】文本框中输入要查找的信息，在【替换为】文本框中输入要替换的信息，每单击一次【替换】按钮,Word 就替换一处,而单击【全部替换】按钮可以一次性替换文档中所有匹配的信息。

图 3-13 【查找和替换】对话框【替换】选项卡

2)带格式的查找和替换

带格式的查找和替换是指查找带有格式设置的文本,或者将没有进行格式设置的文本替换成带有格式的文本,这是通过【查找和替换】对话框中的【更多】按钮  更多(M) >> 实现的。

在【查找和替换】对话框中,单击【更多】按钮,弹出带格式的下拉对话框,如图 3-14 所示。用户可以从【格式】下拉列表中对查找的关键字或替换的关键字选择所需格式,也可以从【特殊格式】下拉列表中选择需要查找或替换的特殊内容。

图 3-14 【查找和替换】带格式的下拉对话框

例如,将所有字母设置为红色。可将光标定位在【查找内容】处,单击【特殊格式】按钮,选择【任意字母】命令,这时会在【查找内容】文本框中显示"^$"。将光标定位在【替换为】处,单击【格式】按钮,选择【字体】命令,弹出【字体】对话框,【字体颜色】选择红色,单击【确定】按钮后,再单击【全部替换】按钮,这样就将所有字母设置为红色格式了。

3．定位

在【查找和替换】对话框中切换至【定位】选项卡,在【定位目标】列表框中选择定位目标的类型,如页码、行数或节等,在右侧的文本框中输入目标值,单击【定位】按钮即可。

任务实现

(1)启动 Word 2013 新建一个文档,选择【文件】→【保存】命令,选择好保存位置后,打开【另存为】对话框,将文件保存为"主题班会",如图 3 – 15 所示。

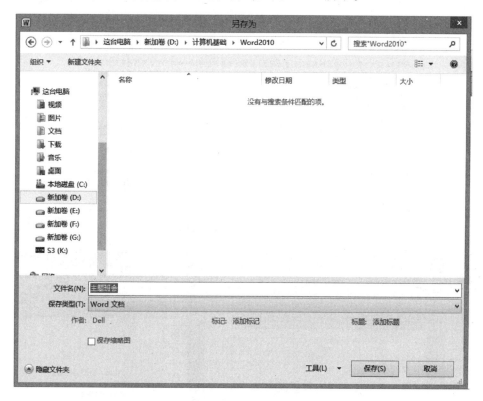

图 3 – 15 保存文档

(2)在文档中录入文档内容,如图 3 – 16 所示。

(3)选择"记录人:团支书"文本,在【开始】→【剪贴板】组中单击【剪切】按钮 剪切 ，或按【Ctrl + X】组合键,如图 3 – 17 所示。在"主持人:学习委员"行后定位光标,按【Enter】键新建段落,在【开始】→【剪贴板】组中单击【粘贴】按钮   ,或按【Ctrl + V】组合键,即可移动文本,然后删除"主持人:学习委员"这一行前的回车符   ,如图 3 – 18 所示。

(4)选择标题文本,在【开始】→【字体】组的【字体】下拉列表框中选择"楷体"选项,如图 3 – 19 所示。在【字号】下拉列表框中选择"小二"选项,字型加粗 **B**，如图 3 – 20 所示。在【开始】→【段落】组中单击【居中】按钮   ，如图 3 – 21 所示。

"方向、方法"主题班会

时间：

地点：302 教室

记录人：团支书

主持人：学习委员

一、班长讲话

大学是人生的关键阶段，这是因为，这是你一生中最后一次有机会系统性地接受教育；这是你最后一次能够全心建立你的知识基础，可以将大段时间用于学习的人生阶段；这也可能是最后一次可以拥有较高的可塑性、集中精力充实自我的成长过程。

为了让大家能够有一个充实而丰富的大学生活，召开这次班会。希望通过这次班会，帮助大家及时制定科学合理的大学生涯规划，找到以后奋斗的方向。

二、同学发言

同学 1：要脚踏实地学好基础课程，特别是英语和计算机。在大规划下要做小规划，坚持每天记英语单词、练习口语，并坚定不移地学下去。

同学 2：可适当参加社团活动，担当一定的职务，提高自己的组织能力和交流技巧，为毕业求职面试练好兵。

同学 3：在大学四年间应当养成良好的生活习惯，合理地安排作息时间。良好的生活习惯有利于我们的学习和生活，能使我们的学习起到事半功倍的作用。还要进行适当的体育锻炼和文娱活动，不能养成沉溺于电脑网络游戏等不良的习惯；并且在课堂上要认真详细的记笔记。

同学 4：可参加有益的社会实践，如下乡、义工活动，也可尝试到与自己专业相关的单位兼职，多体验不同层次的生活，培养自己的吃苦精神和社会责任感。

三、班主任总结

在大学期间，我们并不指望能学到什么高深的专业知识，而是应该把重心放在学习能力的培养上。一个人贵在知道自己应该去干什么，" 明土志，方能知所赴！"

目标是一个人发展奋斗的指引和导航，明确的目标对一个人尤其是大学生今后的发展起着决定性的指引作用。树立新的人生发展目标，进行大学规划，能够指引大学生的学习和生活。

这次班会，许多同学都作了发言，谈到了个人的未来发展目标，认识到目前自身存在的不足，并对未来的发展作出了科学的规划，使自己在规划中充实自己、发展自己、提高自己，为达到人生的目标做好充分的准备。这次班会总的来说开展的比较成功。

图 3 - 16　录入文档内容后的效果

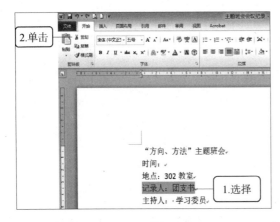

图 3 - 17　剪切文本

图 3 - 18　粘贴文本

（5）选择正文中的"时间："行文本，设置其加粗效果 **B**，然后双击【开始】→【剪贴板】组中的【格式刷】按钮 格式刷，这时鼠标变成一个小刷子形状，在其他需要设置加粗的文本处拖动鼠标进行选择。

技巧：格式刷用于复制字符或段落格式，具体操作如下。

➢ 选择设置好格式的源文本，单击【开始】→【剪贴板】→【格式刷】按钮，此时鼠标外观变为一个小刷子形状，将鼠标移至需要设置相同格式的文本开始处，按住鼠标左键拖动选择相应的文本，这样目标文本就具有了与源文本相同的格式。

图 3 - 19　设置字体

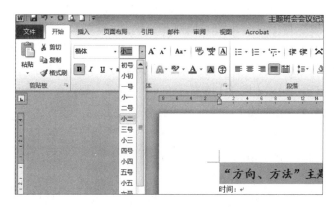

图 3 - 20　设置字号

图 3 - 21　设置对齐方式

➢ 单击【格式刷】按钮复制的格式只能应用一次,而双击【格式刷】按钮复制的格式可以应用多次直到取消格式刷状态。取消格式刷状态可以再次单击【格式刷】按钮。

(6)行间距是指段落中行与行之间的距离。Word 中行距的设置共有 6 个选项,分别是单倍行距、1.5 倍行距、2 倍行距、最小值、固定值和多倍行距。Word 中默认的行距是单倍行距。

①单倍行距:以所选行中最大字体的高度加上一小段额外间距作为行间距。额外间距的大小取决于所用的字体,单位为点数。快捷键为【Ctrl + 1】。

②1.5 倍行距:为单倍行距的 1.5 倍。例如,为字号为 10 磅的文本设置 1.5 倍行距时,行距约为 15 磅。快捷键为【Ctrl + 5】。

③2 倍行距:为单倍行距的 2 倍。例如,对字号为 10 磅的文本设置 2 倍行距时,行距约为 20 磅。快捷键为【Ctrl + 2】。

④最小值:将【设置值】微调框中输入的磅值作为行间距。如果行中含有大的字符或图形,Word 会相应地增加行间距(这是文档正文中最常用的一种行距设定)。如果输入的数值大于所选行字符的磅值,则会在字符上方增加相应的空白。如果输入的数值小于所选行中最大字符的磅值,Word 会自动将行距调整为该字符的磅值数,此时【设置值】微调框中输入的数值不起作用。

⑤固定值:将【设置值】微调框中输入的磅值作为一个固定的行间距,即使这个数值小于所选行中最大字符的磅值,Word 也不会对行距进行调整。

⑥多倍行距:行距按指定百分比增大或减小。例如,将行距设置为 1.5 倍,则行距将增加 50%;将行距设置为 0.8 倍,则行距将缩小 20%。将多倍行距设置为 2,与使用"2 倍行距"的效果相同。可在【设置值】微调框中输入或选择所需行距,默认值为 3,单位是倍数。

选择正文,单击【开始】→【段落】组右下角的对话框启动器按钮 🔲,打开【段落】对话框。在【缩进和间距】选项卡的【间距】栏中,单击【行距】下拉按钮,在列表框中选择"固定值"选项,在右边的【设置值】微调框中输入"18 磅"。在【缩进和间距】选项卡的【缩进】栏中,单击【特殊格式】下拉按钮,在列表框中选择【首行缩进】选项,其后的【磅值】微调框中将自动显示数值为"2 字符",完成后单击【确定】按钮,如图 3 – 22 所示。

(7)段间距是指相邻两个段落之间的距离,包括段前和段后的距离。

选择会议标题文本,打开【段落】对话框,在【缩进和间距】选项卡【间距】栏的【段前】和【段后】数值框中分别输入适当的数值,单击【确定】按钮。其余各处文本可采用格式刷进行格式设置,完成后的效果如图 3 – 23 所示。

图 3 – 22　设置正文行距和首行缩进

(8)选择"班长讲话"文本,单击【开始】→【段落】组中【底纹】按钮 🖌 右侧的下拉按钮,在打开的下拉列表中选择"橙色",使用格式刷将已设置好的底纹格式快速应用到其他二级标题。

选择"同学 1"文本,单击【开始】→【字体】组中【字体颜色】按钮 🅰 右侧的下拉按钮,在打开的颜色面板中选择"深红";单击【下划线】按钮 🅤 右侧的下拉按钮,在打开的下拉列表中选择【双下划线】选项。使用格式刷将已设置好的文本格式快速应用到其他相应文本处,效果如图 3 - 24 所示。

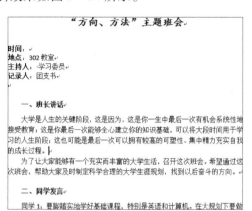

图 3 - 23　设置段落间距　　　　　图 3 - 24　设置字符底纹和下划线

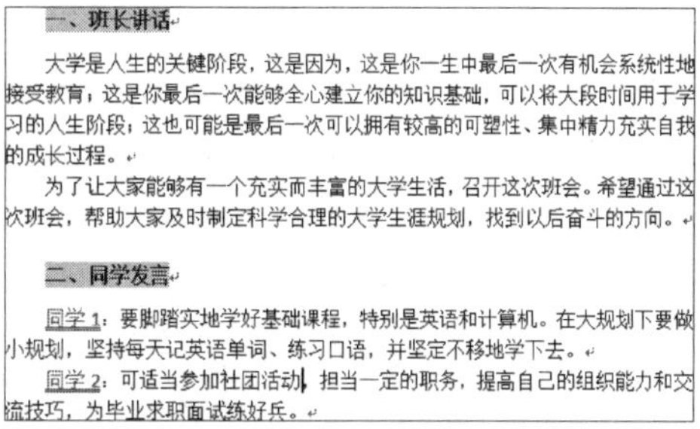

(9)选择"班主任总结"标题后的所有段落,单击【开始】→【段落】组中【项目编号】按钮右侧的下拉按钮,在打开的列表框中选择项目符号◆。打开【段落】对话框,将【间距】栏的【段后】间距调整为"0.5 行",如图 3 - 25 所示。

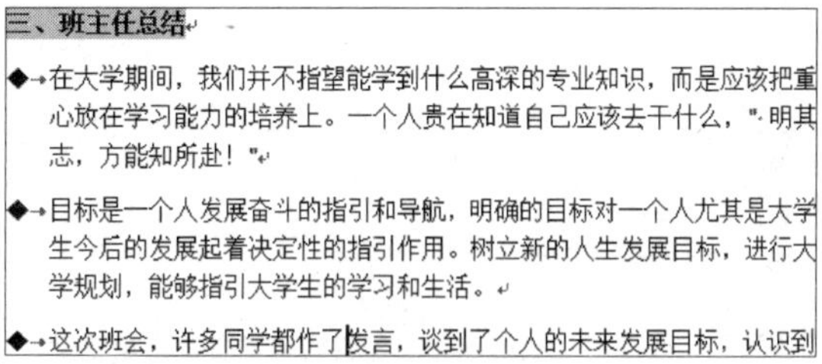

三、班主任总结

◆在大学期间,我们并不指望能学到什么高深的专业知识,而是应该把重心放在学习能力的培养上。一个人贵在知道自己应该去干什么,"明其志,方能知所赴!"

◆目标是一个人发展奋斗的指引和导航,明确的目标对一个人尤其是大学生今后的发展起着决定性的指引作用。树立新的人生发展目标,进行大学规划,能够指引大学生的学习和生活。

◆这次班会,许多同学都作了发言,谈到了个人的未来发展目标,认识到

图 3 - 25　设置项目符号和段后间距

(10)将插入点定位到文档开始处,单击【开始】→【编辑】组中的【替换】按钮,打开【查找和替换】对话框,分别在【查找内容】和【替换为】文本框中输入"计划"和"规划",如图 3 - 26 所示。

图 3 - 26　【查找和替换】对话框

(11)重新定位光标至【替换为】文本框处,单击【更多】按钮,如图 3 - 26 所示,弹出带

【格式】按钮的下拉对话框。单击【格式】按钮,选择【字体】命令,如图 3 - 27 所示,弹出【替换字体】对话框。字体颜色选择"红色",字形选择"加粗",单击【确定】按钮。

图 3 - 27　带【格式】按钮的下拉对话框

(12)在【查找和替换】对话框中单击【全部替换】按钮,提示完成文档的搜索。直接单击【确定】按钮即可完成替换,如图 3 - 28 所示。

图 3 - 28　提示完成文档的搜索

任务2　美化文档——设计电子杂志

任务描述

　　学校开展了读书月活动,班里爱好文学的几个同学用 Word 2013 创办了一份电子诗歌杂志,希望丰富同学们的课余生活,效果如图 3 - 29 所示。

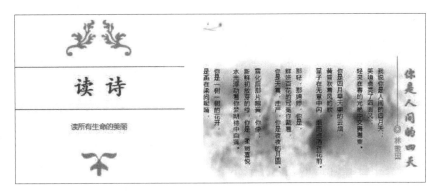

图 3 – 29 电子杂志效果

任务要求

能够运用所学知识合理布局文档,掌握在文档中插入各种对象的方法,灵活选用图形图像、艺术字等工具装饰和美化文档。

相关知识

(一)文档中对象的插入

1. 图片

1)插入图片

将光标定位到要插入图片的位置,单击【插入】→【插图】→【图片】按钮,在打开的【插入图片】对话框中选择要插入的图片文件,单击【插入】按钮。

2)编辑图片

选中插入的图片,出现【图片工具 – 格式】选项卡,利用其中的工具可以编辑调整图像,如图 3 – 30 所示。

图 3 – 30 【图片工具 – 格式】选项卡

2. 形状

1)插入形状

单击【插入】→【插图】→【形状】按钮 ,在弹出的形状下拉列表中选择需要的形状,在文档中按住鼠标左键拖动至合适位置后释放鼠标,即可绘制形状。

2)编辑形状

选中绘制好的形状对象,出现【绘图工具 – 格式】选项卡,利用其中的工具可以对形状进行编辑,如图 3 – 31 所示。

图 3 – 31　【绘图工具 – 格式】选项卡

3. 艺术字

1）插入艺术字

定位光标到要插入艺术字的位置，单击【插入】→【文本】→【艺术字】按钮 **艺术字**，在弹出的下拉列表中选择合适的艺术字样式，文档中就插入了艺术字框，可以在其中输入文字。

2）编辑艺术字

Word 中艺术字是特殊的形状对象，可以像调整形状对象那样设置艺术字的文本填充颜色、文本轮廓、文本效果。选择插入到文档中的艺术字，单击【绘图工具 – 格式】→【艺术字样式】组中的按钮就可以编辑，调整艺术字，如图 3 – 32 所示。

图 3 – 32　艺术字样式按钮组

4. SmartArt 图形

SmartArt 图形常用于在文档中展示文字量少、层次较明显的流程图、结构图或关系图等。

1）插入 SmartArt 图形

将光标定位于要插入 SmartArt 图形的位置，单击【插入】→【插图】→【SmartArt】按钮，弹出"选择 SmartArt 图形"对话框，在其中选择 SmartArt 类型后单击"确定"按钮，文档中就添加了 SmartArt 图形，根据提示输入文本信息。

2）编辑 SmartArt 图形

文档中插入 SmartArt 图形后会激活【SMARTART 工具】的【设计】和【格式】选项卡，可以使用这两个选项卡中的工具对 SmartArt 图形的布局、颜色和样式等进行编辑。

5. 文本框

在 Word 中文本框是一种特殊的形状，既可以向其中输入文本，也可以插入图片。

1）插入文本框

可以在文档中插入 Word 自带样式的文本框，也可以手动绘制横排或竖排的文本框。

● 单击【插入】→【文本】→【文本框】按钮，在弹出的下拉列表中选择并单击文本框样式，文档中即插入了文本框，在其中输入文本即可。

● 单击【插入】→【文本】→【文本框】按钮，在弹出的下拉列表中选择【绘制横排文本框】或【绘制竖排文本框】命令，在文档中按住鼠标左键不放并拖动至合适位置后释放鼠标，即可绘制文本框。

2）编辑文本框

文本框的编辑与形状的编辑方法相同，文本框中的文字与艺术字中的文字编辑方法相同。

（二）特殊格式排版

1. 首字下沉

首字下沉是使段落的首字放大，以凸显出段落的位置和整个段落的重要性，既可为文档增添趣味，又能起到引人入胜的效果，常用于报刊杂志的排版。

设置首字下沉的方法：将插入点放在要设置首字下沉效果的段落开始处，单击【插入】→【文本】→【首字下沉】按钮，选择【下沉】或【悬挂】命令，也可以选择【首字下沉选项】命令，在弹出的对话框中设置下沉文字的字体、下沉行数等格式，如图 3 - 33 所示，单击"确定"按钮即可完成操作。

2. 分栏

分栏排版可以使文档具有类似于报纸报刊的分栏效果，既可以美化页面，又能节约版面。在 Word 的分栏排版中，文字是逐栏排列的，排满一栏后才转排下一栏，每一栏都可以单独格式化。

分栏的具体操作如下：单击【页面布局】→【页面设置】→【分栏】按钮，弹出图 3 - 34 所示的【分栏】下拉列表，在下拉列表中选择需要的分栏样式。如果选择【更多分栏】选项，可在弹出的【分栏】对话框中设置分栏的栏数、宽度和间距、应用范围等效果，如图 3 - 35 所示，设置完成后单击【确定】按钮即可。

　　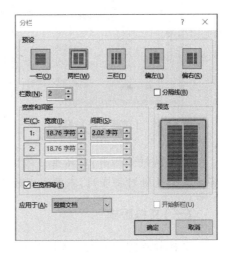

图 3 - 33　【首字下沉】对话框　　图 3 - 34　【分栏】下拉列表　　图 3 - 35　【分栏】对话框

提示：【宽度和间距】中的【宽度】是指对应栏的栏宽值，【间距】是指栏与栏之间的距离。

3. 中文版式

1）带圈字符

Word 提供的"带圈字符"功能可以为字符添加圆圈或者其他形式的边框，以示强调。

单击【开始】→【字体】→【带圈字符】按钮 ㉒ ，弹出【带圈字符】对话框，如图 3 - 36 所示。在【样式】选项区域中选择带圈样式；在【文字】文本框内输入需要带圈的文字，也可以在下拉列表框中选择；在【圈号】列表中选择带圈类型，单击【确定】按钮。如果是为文档中已输入的文字设置带圈字符效果，需要先选择文字。

2）改变文字方向

Word 文档中文字的排版方向默认是水平方向，可以根据需要调整为竖直方向排版。

选中需要竖直排版的文本，单击【页面布局】→【页面设置】→【文字方向】按钮，在下拉列表中选择文字方向即可，也可以选择【文字方向选项】命令，在弹出的对话框中选择相应的效果。

3）拼音指南

利用 Word 提供的"拼音指南"功能，可以为汉字标注汉语拼音。

选中要添加拼音的文字，单击【开始】→【字体】组中的按钮，弹出【拼音指南】对话框，如图 3－37 所示。在对话框中设置对齐方式、偏移量、字体、字号等内容，单击"确定"按钮。

图 3－36 【带圈字符】对话框

图 3－37 【拼音指南】对话框

提示：【拼音指南】对话框中的偏移量是指拼音与基准文字之间的距离，字体、字号、对齐方式都是针对拼音的，基准文字的格式不受影响。

（三）文档版式

文档版式的设置主要包括设置页面大小、页边距和页面背景，添加水印、封面和页眉页脚等，这些设置应用于文档的所有页面。

1. 页面设置

页面设置可以采用以下方法。

• 选择【页面布局】→【页面设置】组的命令按钮进行设置，如图 3－38 所示。

图 3－38 【页面设置】组中的命令按钮

● 单击【页面布局】→【页面设置】组右下角的对话框启动器按钮，弹出【页面设置】对话框，如图 3 – 39 所示。

● 双击文档视图中的标尺可以打开【页面设置】对话框。

提示：页边距是指页面内容四周距离纸张的尺寸，分上下左右四个边距。通常，可在页边距内部的可打印区域中插入文字或图形。

2. 页面背景

可以为 Word 文档设置纯色背景、渐变色背景和图片背景。

单击【设计】→【页面背景】→【页面颜色】按钮，在打开的下拉列表中选择一种页面颜色，如图 3 – 40 所示。选择【填充效果】命令，弹出【填充效果】对话框，可以在该对话框中设置渐变色背景和图片背景。

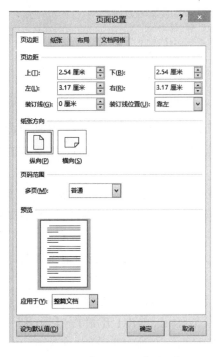

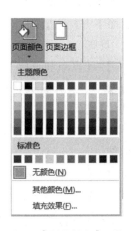

图 3 – 39　【页面设置】对话框　　　　图 3 – 40　【页面颜色】下拉列表

3. 水印效果

水印出现在文档的底层，可以是文本或图片。单击【设计】→【页面背景】→【水印】按钮，在弹出的下拉列表中可以选择 Word 内置的水印样式，也可以选择【自定义水印】命令项，打开【水印】对话框，如图 3 – 41 所示，根据需要自定义水印效果。

4. 添加封面

给文档添加封面能够突出表现文档主题，引人注目。Word 中提供了内置的封面样式，单击【插入】→【页面】→【封面】按钮，在弹出的下拉列表中选择需要的封面样式，如图 3 – 42 所示，文档中就添加了该类型的封面，然后输入相应的封面内容即可。

图 3-41 【水印】对话框　　　　　　图 3-42　内置封面样式

5. 页眉页脚

页眉是页面上方(上边距内)的文本或图形信息,如文档名称、作者、日期时间、公司徽标等。页脚是页面下方(下边距内)的信息,通常可在其中输入文档页码、总页数等内容。

1)插入页眉/页脚

● 单击【插入】→【页眉和页脚】→【页眉】或【页脚】按钮,在下拉列表中选择页眉/页脚样式,这时会进入页眉/页脚编辑状态,插入点自动插入到页眉/页脚区,同时会激活【页眉和页脚工具 - 设计】选项卡。

● 单击【关闭页眉和页脚】按钮或双击正文,即可退出页眉/页脚的编辑状态。

2)编辑页眉线

默认状态下,页眉中有一条单实线,称为页眉线。可以设置、删除页眉线。

具体方法:双击页眉进入编辑状态,选中段落标记,单击【开始】→【段落】→【边框】按钮右侧的下拉按钮,打开【边框和底纹】对话框,切换到【边框】选项卡,设置线条样式、颜色、宽度等,在右侧的【预览】区域选中【下边框】,单击【确定】按钮,即可在页眉处插入页眉线。若要删除页眉线,选择【边框】选项卡左侧的【无边框】命令即可。

3)删除页眉页脚

单击【插入】→【页眉和页脚】→【页眉】或【页脚】按钮,在下拉列表中选择【删除页眉】/【删除页脚】命令即可。

提示:在"页眉/页脚"编辑状态下,正文部分是灰色的,不能对正文进行更改和编辑,当退出"页眉/页脚"视图后,正文恢复可编辑状态,"页眉/页脚"中的文字便会变为灰色。

6. 分隔符

在默认情况下 Word 将整篇文档看作"1 节",若对某个部分进行版面设置时整篇文档都会随之改变,想对不同部分设置不同的版式,必须使用分隔符来实现。

分隔符用于标记文字分隔的位置。Word 的中分隔符有分页符、分栏符、自动换行符和分节符四类。

1）分页符

编辑 Word 文档时，当文本或图形等内容填满一页时，Word 会插入一个"自动分页符"，标记该页文档的结束位置，并开始新的一页。如果要在某个特定位置强制分页，可以手动插入分页符，具体方法是单击【页面布局】→【页面设置】→【分隔符】按钮，选择【分页符】选项，如图 3 - 43 所示。

2）分栏符

在一页多栏的情况下，分栏符插入之后的内容将从下一栏开始显示。

分栏符的使用方法：先将文档进行分栏，然后将插入点置于需要作为新栏的位置，单击【页面布局】→【页面设置】→【分隔符】按钮，选择【分栏符】选项，分栏效果如图 3 - 44 所示。

3）自动换行符

通常在文档中输入一行文本到达页面右边界时，Word 会自动换行，文本将在下一个空行继续，另外也可以使用"换行符"强制换行。方法是单击【页面布局】→【页面设置】→【分隔符】按钮，选择【自动换行符】选项。这样就在文档中插入点的位置进行了强制换行。

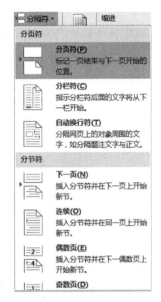

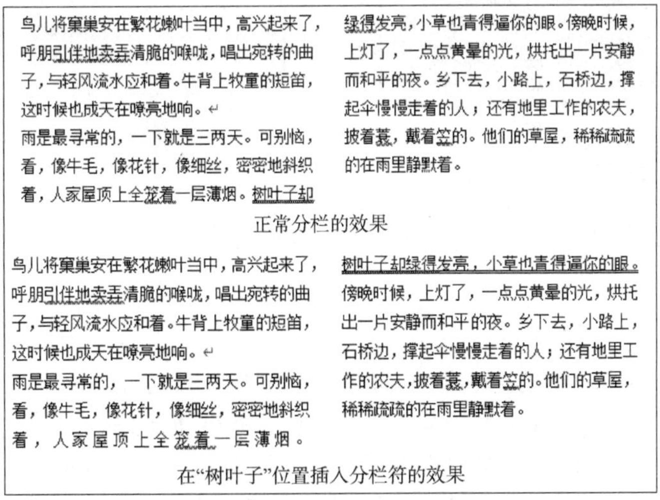

图 3 - 43 【分隔符】下拉列表

图 3 - 44 插入分栏符

提示：在插入点强制换行时，换行符显示为灰色的"↓"形状，产生的新行仍将作为当前段的一部分。而通过直接按【Enter】键换行时，产生的新行将成为新段落的开始。

4）分节符

节是文档排版格式的范围。Word 中的每一个"节"都可以独立设置排版格式，包括纸张大小、纸张方向、页边距、页眉/页脚、页码等,比如论文中每个章节的页眉都不相同,这就需要将每个章节放在不同的"节"中。通常情况下,Word默认将整个文档视为一"节"。

分节符是指为表示一节的结束而插入的标记,其作用就是将文档划分为不同的节。插入一个分节符后,一个节就在此结束,分节符之后将开始新的一节。如果删除了某个分节符,前后两节就会合并,并且采用后者的格式设置。

在文档中插入分节符后,单击【开始】→【段落】→【显示/隐藏编辑标记】按钮 ,可以在页面中看到节标记。

分节排版效果如图3-45所示。

图3-45　分节排版

任务实现

(1)启动Word 2013,新建一个文档,将文件保存为"电子杂志. docx"。

(2)单击【页面布局】→【页面设置】组中的对话框启动器按钮,打开"页面设置"对话框,设置纸张大小为16开,上下左右页边距为2厘米,如图3-46所示。

(3)单击【插入】→【文本】→【文本框】按钮,在打开的下拉列表中选择【绘制竖排文本框】命令。按住鼠标左键不放在文档中拖动,至合适位置释放鼠标,即可绘制出文本框。在插入点处开始输入文本框信息。

(4)选中文本框内容,设置文本字体为"微软雅黑 Light",五号字;行距为"固定值18磅";相应段落的段后间距为1行,效果如图3-47所示。

图 3 – 46 "电子杂志"页面设置

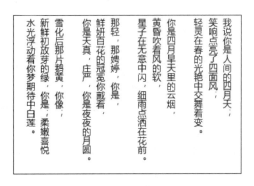

图 3 – 47 文本框中的文本

(5)选中文本框,将鼠标指针移到文本框的圆形控制点上,按住鼠标左键不放并拖动,待将文本框调整至合适大小再释放鼠标。

(6)单击文本框,在【绘图工具 – 格式】→【形状样式】组中使用【形状填充】和【形状轮廓】工具分别设置文本框的形状填充为"无",形状轮廓为"无"。

(7)在文档中插入艺术字,选择图 3 – 48 所示的艺术字样式,艺术字文本为"你是人间的四月天",如图 3 – 49 所示。

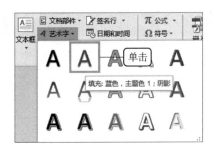

图 3 – 48 选择艺术字样式　　　　　图 3 – 49 插入艺术字

（8）单击【绘图工具－格式】→【文本】→【文字方向】按钮 文字方向，在打开的下拉列表中选择【垂直】选项，此时艺术字的方向就变成了竖直方向，效果如图3－50所示。

（9）选中艺术字文本，设置其字体为"华为行楷"，二号字，如图3－51所示。

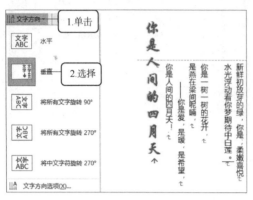

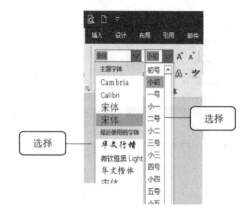

图3－50　调整艺术字方向　　　　　　图3－51　设置艺术字字体、字号

（10）在【绘图工具－格式】→【艺术字样式】组中使用 文本填充 工具设置艺术字填充色为浅绿色，用 文本轮廓 工具设置艺术字无轮廓。

（11）在文档中插入竖排文本框，并输入文本"林徽因"，设置为宋体，小四号字，颜色为浅绿色。文本框的【形状填充】和【形状轮廓】均设置为无。

（12）单击【插入】→【插图】→【形状】按钮，在打开的下拉列表中选择【直线】形状，如图3－52所示。同时按住【Shift】键和鼠标左键不放，在文档中拖动鼠标至适当位置后释放按键和鼠标，文档中就插入了一条水平直线。

（13）选中绘制的直线，单击【绘图工具－格式】→【排列】→【旋转】按钮 旋转，在打开的下拉列表中选择【向右旋转90°】选项，如图3－53所示。单击【形状样式】→【形状轮廓】按钮，设置直线轮廓为浅绿色，如图3－54所示。

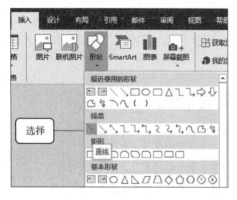

图3－52　文档中绘制直线　　　　　　图3－53　调整直线方向

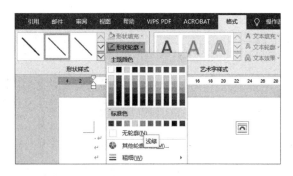

图 3 – 54　设置直线颜色

（14）单击【插入】→【插图】→【形状】按钮，在打开的下拉列表中选择【椭圆】形状，同时按住【Shift】键和鼠标左键不放，在文档中拖动鼠标绘制圆形。

（15）将绘制好的圆形的【形状填充】设为无填充，【形状轮廓】设为浅绿色，粗细为1磅。

（16）选中设置好的圆形，按【Ctrl + D】组合键，此时文档中就复制出了一个新圆形。

（17）选中新圆形，单击【绘图工具 – 格式】→【大小】组右下角的对话框启动器按钮 ，在打开的【布局】对话框中调整圆形大小，如图 3 – 55 所示。

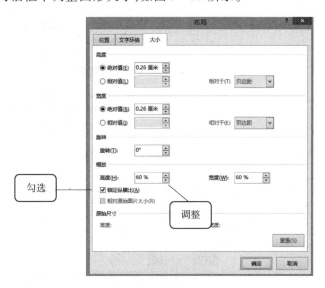

图 3 – 55　调整圆形大小

（18）选中绘制好的两个圆形，单击【绘图工具 – 格式】→【排列】→【对齐】按钮 对齐，在打开的下拉列表中分别选择【水平居中】和【垂直居中】选项，如图 3 – 56 所示，然后单击【组合】按钮 组合，这样就形成了同心圆效果，如图 3 – 57 所示。

（19）调整同心圆和直线的位置，将两个图形组合。

（20）将艺术字标题、作者、诗歌正文等内容移动至文档中适当位置，效果如图 3 – 58 所示。

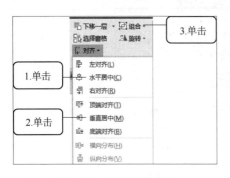

图 3-56　设置圆形对齐

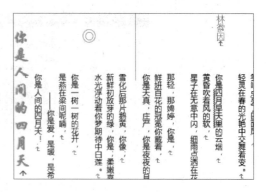

图 3-57　同心圆效果

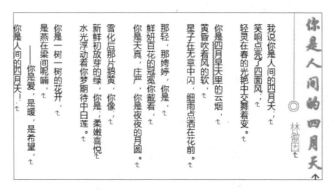

图 3-58　调整文档各部分的位置

(21)插入图片"花.jpg",单击【图片工具-格式】→【排列】→【环绕文字】按钮环绕文字▾,在打开的下拉列表中选择【衬于文字下方】选项。在【调整】组中单击【艺术效果】按钮,从下拉列表中选择【虚化】选项,如图 3-59 所示。

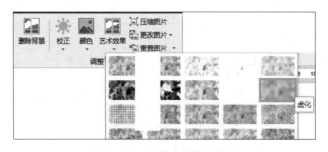

图 3-59　设置图片虚化效果

(22)单击【图片工具-格式】→【图片样式】→【图片效果】按钮图片效果▾,在打开的下拉列表中选择【柔化边缘】选项,如图 3-60 所示,在弹出的级联菜单中选择柔化边缘 50 磅。

(23)将文档中各部分内容调整至合适位置。

(24)在文档下部插入艺术字"萤火虫",样式为"填充:蓝色,主题色 1;阴影"。字体设

为方正粗圆简体,字号为小一号。打开【字体】对话框,将字符间距加宽 6 磅,如图 3-61
所示。

图 3-60 设置图片柔化边缘   图 3-61 设置"萤火虫"字符间距

(25)在文档中输入《萤火虫》诗歌及作者,其中,作者部分为设为宋体、11.5 号;诗歌内
容字体为微软雅黑 Light、五号,行距为固定值 20 磅。效果如图 3-62 所示。

(26)选中诗歌正文,单击【页面布局】→【页面设置】→【分栏】按钮,在打开的下拉列表
中选择"两栏"。

(27)将插入点定位至诗歌正文开始处,单击【插入】→【文本】→【首字下沉】按钮,在下
拉列表中选择【首字下沉选项】,在打开的【首字下沉】对话框中选择【下沉】,下沉行数设为
2,效果如图 3-63 所示。

图 3-62 设置字体格式

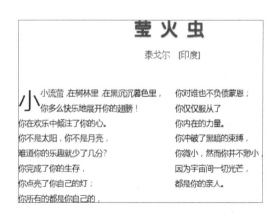

图 3-63 首字下沉效果

(28)插入图片"萤火虫.jpg",衬于文字下方,柔化边缘 50 磅,图片调至适当位置。

(29)单击【插入】→【页眉和页脚】→【页眉】按钮,在下拉列表中选择【空白】选项,文档进

入页眉/页脚视图。输入页眉文本"读诗",设为宋体五号、倾斜、左对齐、字符间距加宽1.2磅。

（30）在页眉处插入图片"页眉花边.jpg",衬于文字下方。单击【图片工具－格式】→【大小】→【裁减】按钮,在下拉列表中选择【裁减】选项,裁减图片至合适尺寸后,再次单击【裁减】按钮即可。

（31）选中页眉图片,单击【图片工具－格式】→【大小】组右下角的对话框启动器按钮,在打开的【布局】对话框【大小】选项卡【缩放】栏中选择【锁定纵横比】复选框,缩放图片至适当比例,效果如图3－64所示。打开【边框和底纹】对话框,在【边框】选项卡中设置【无边框,应用于段落】,这样就将页眉中的横线清除了,效果如图3－65所示。页脚的编辑方法同页眉。

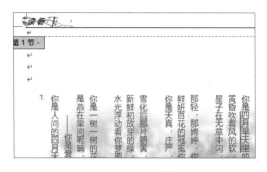

图3－64　页眉（带横线）

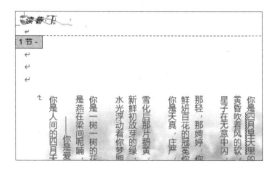

图3－65　页眉（清除横线）

（32）单击【插入】→【页面】→【封面】按钮,在下拉列表中选择【花丝】样式,文档中即插入了一张封面。在"文档标题"处输入"读诗"文本,设为华为楷体、小初;在"文档副标题"处输入"读所有生命的美丽"文本;在"日期"处输入"诗歌|人文|生活"文本并删除"公司名称"和"公司地址"两行文本框。

任务3　邮件合并——制作活动邀请函

任务描述

新学期、新同学、新气象。为丰富校园文化生活,增进同学友谊,学院团委组织举办了"我心飞扬·新梦启航"迎新晚会。团委的同学制作了晚会邀请函,效果如图3－66所示。

任务要求

理解邮件合并的意义和作用,掌握邮件合并的操作方法,能够使用 Word 的邮件合并功能制作批量信函。

相关知识

（一）邮件合并的作用

我们在日常工作中经常需要制作大量格式统一、主要内容基本相同,只需修改少数相关内容而保持其他部分不变的文档,比如录取通知书、成绩单、会议邀请函、商品邮寄广告等。Word 提供的邮件合并功能可以帮助我们批量生成版式一致、主体内容相同但又有局部差异的文档。

图 3－66　迎新晚会邀请函

(二)邮件合并过程

1. 建立主文档

"主文档"就是前面提到的在批量文档中共有的、固定不变的内容,比如信封的落款、信函中的对每个收信人都不变的内容等。建立主文档就是新建一个 Word 文档,在其中输入批量文档中相同的信息,并设置排版格式。

2. 创建数据源

数据源是 Excel 类型或者文本类型的记录表文件,其中包含相关的字段和记录内容,如地址、联系人、邮编等。可以在 Word 中直接创建数据字段,也可以使用已经建好的数据源文件。

3. 合并数据源到主文档

完成前两步之后,就可以将数据源中的相应字段合并到主文档中了。数据源文件中的记录数决定着最后生成的批量文件的份数。

主文档中存放的是最后生成的批量文档中相同的内容;数据源包含要插入文档中的信息;合并文档是将数据源中的数据合并至主文档中。例如:在制作录取通知书时,将通知书中固定不变的内容和版面作为主文档;将需要改变的学生姓名、录取专业等信息输入 Excel 表中,作为"邮件合并"中的数据源;最后将学生姓名、录取专业等信息合并到主文档中,就生成了合并后的文档,即录取通知书。

🐛**任务实现**

（1）新建 Word 文档，将文件保存为"邀请函.docx"。

（2）页面设置：自定义纸张大小，宽 22 厘米，高 14.5 厘米。纸张横向。

（3）设置页面边框：打开【边框和底纹】对话框，选择【页面边框】选项卡，在【艺术型】下拉列表中选择边框图案。

（4）在文档中插入图片"邀请函花边.jpg"，调整图片大小和位置，环绕方式为衬于文字下方，效果如图 3-67 所示。

图 3-67 邀请函页面边框

（5）绘制文本框并在其中输入邀请函内容。

（6）单击【邮件】→【开始邮件合并】→【选择收件人】按钮，在下拉列表中选择【键入新列表】选项，弹出【新建地址列表】对话框。单击表格中【名字】字段的文本框，输入受邀者姓名，单击【新建条目】按钮，在新增的记录中继续输入受邀人姓名。重复新建条目、输入姓名的工作，直至完成所有名字的添加，最后单击【确定】按钮，如图 3-68 所示。

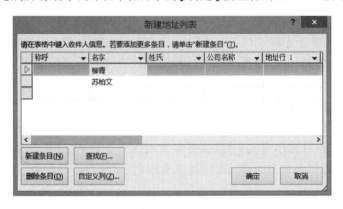

图 3-68 新建地址列表

（7）保存通讯录，如图 3-69 所示。

图 3-69 保存通讯录

（8）在插入点定位至邀请函开始的横线处，单击【邮件】→【编写和插入域】→【插入合并域】按钮，在下拉列表中选择【名字】选项，如图 3-70 所示，此时文档中的横线处就加入了名字域，如图 3-71 所示。单击【预览结果】按钮 ，横线处的【名字合并域】就被替换成了具体的姓名，效果如图 3-72 所示。

图 3-70 选择合并域

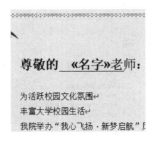

图 3-71 插入合并域

图 3-72 合并域被替换

（9）单击【完成并合并】按钮，在下拉列表中选择【编辑单个文档】选项，弹出【合并到新文档】对话框，选择生成的文档范围，单击【确定】按钮，如图 3-73 所示。

（10）完成文档的合并后，Word 会生成一个新文档"信函1"，如图 3-74 所示。这就是最后的结果文档，将该文档以"活动邀请函"为名进行保存即可，如图 3-75 所示。

图 3-73 【合并到新文档】
对话框

图 3-74　新文档"信函 1"

图 3-75　结果文档

任务 4　编辑表格——制作行政处罚审批表

任务描述

小张是公安专业的在校大学生,大三上学期到当地派出所实习,由于工作需要,领导让小张制作一份《行政处罚审批表》,完成后效果如图 3－76 所示。

行政处罚审批表

×公（治）审字[201×]第×号

案由	为赌博提供条件	发案时间		201×年×月×日
案件文号	×公（治）行爱字(201×)第×号			
违法嫌疑人	姓名	高××	性别	女	民族	汉族
	出生日期	××年×月×日	文化程度	初中
	身份证件种类及号码	身份证：×××××××××××××××××××
	现住址	××市××路××号
	户籍所在地	××县××乡××村
	工作单位	无
	违法犯罪记录	无
违法嫌疑人单位	名称	无	法定代表人	无
	地址	无
同案其他人	黄××
违法事实及依据	201×年×月××日晚 22 时许,高××伙同黄××在××市××路××里××号电子游戏室中利用赌博机为他人赌博提供条件,被公安人员当场抓获,以上事实由高××本人供述、黄××的供述及赌博游戏机为证
承办人意见	根据《中华人民共和国治安管理处罚法》第十七条规定,建议给予高××行政拘留十日并处 1000 元罚款。 承办人：刘×× 何××
承办单位意见	根据《中华人民共和国治安管理处罚法》第十七条规定,建议给予高××行政拘留十日并处 1000 元罚款。 （印章） 负责人：曾×× 201×年×月×日
审核部门意见	同意承办单位意见,妥否,呈请领导批示。 （印章） 负责人：曾×× 201×年×月×日
领导审批意见	同意 （印章） 负责人：曾×× 201×年×月×日

图 3－76　行政处罚审批表

任务要求

通过本任务,掌握 Word 2013 中创建、编辑和设置表格的方法,能够对表格和文本进行相互转化。

相关知识

(一)创建表格

在 Word 2013 中可以使用多种方式创建表格。

1. 自动插入表格

将光标定位到需插入表格的位置,单击【插入】→【表格】→【表格】按钮,在打开的下拉列表中可看到一个可调节大小的网格,在网格区域按住鼠标左键不放并拖动,释放鼠标后即可在光标处插入一个表格,如图 3 - 77 所示。

2. 插入指定行和列的表格

将光标定位到需插入表格的位置,选择【插入】→【表格】组【表格】下拉列表中的【插入表格】命令,即可打开【插入表格】对话框,如图 3 - 78 所示。在【插入表格】对话框中输入待创建表格的行数和列数,在【自动调整】操作区域中选定一个选项,单击【确定】按钮,关闭对话框。

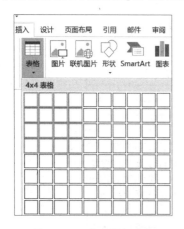

图 3 - 77 自动插入表格　　　　　图 3 - 78 插入指定行和列的表格

3. 绘制表格

将光标定位到需插入表格的位置,选择【插入】→【表格】组【表格】下拉列表中的【绘制表格】命令,即可根据需要绘制表格,如图 3 - 79 所示。

(二)选择表格

编辑和设置表格之前,首先要会选择表格及其对象,如选择整个表格、选择行或列,选择一个或多个单元格等。

1. 选择整个表格

将鼠标指针移动到表格内部,表格左上角就会出现 ✛ 按钮,单击即可选中整个表格。

2. 选择行和列

(1)选中一行或连续多行:将鼠标定位到表格左外侧,

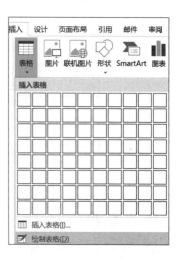

图 3 - 79 绘制表格

当鼠标变成右上箭头时,单击鼠标左键即可选中一行。按住鼠标左键上下拖动,或按住鼠标左键不放的同时按下【Shift】键选中其他行,即可选中连续多行。

(2)选中不连续的多行:选定其中的一行,按住鼠标左键不放,同时按下【Ctrl】键选中其他需要选中的行即可。

(3)选中一列或连续多列:将鼠标定位到表格上方,当鼠标变成向下的箭头时,单击鼠标左键即可选中一列。按住鼠标左键左右拖动,或按住鼠标左键不放的同时按下【Shift】键选中其他列,即可同时选中连续多列。

(4)选中不连续的多列:选中其中的一列,按住鼠标左键不放,同时按下【Ctrl】键,再选中其他需要选定的列即可。

3. 选择单元格

(1)选中一个单元格:将鼠标定位到需要选择的单元格内部,当鼠标变成向右的黑色箭头时,单击鼠标便可选中一个单元格。

(2)选中多个单元格:将鼠标定位到需选择矩形区域的左上角单元格,按住鼠标左键不放,向右下角拖动,鼠标经过的区域便可被选中。

(三)编辑表格

表格创建完成后,还需要对其进行编辑或修改,以满足不同的需要,如在表格中输入文本、插入或删除行和列、合并或拆分单元格、调整行高和列宽等。

1. 在表格中输入文本

表格创建好后,将光标定位到需添加文本的单元格,在其中输入文本即可。一个单元格内容输入完成后,将鼠标定位到下一个单元格,或按【Tab】键将光标移动到下一个单元格便可继续输入。按【Backspace】键和【Delete】键可删除光标左边和右边的字符。

2. 设置表格和文本对齐方式

(1)设置表格在页面中的对齐方式:选中整个表格,选择【开始】→【段落】组中的对齐方式,即可设置整个表格在页面中的对齐方式,如图 3 - 80 所示。

(2)设置表格中文本的对齐方式:选择需设置对齐方式的文本,选择【表格工具 - 布局】→【对齐方式】组中的一种对齐方式,即可设置表格中文本的对齐方式,如图 3 - 81 所示。

图 3 - 80　设置表格居中对齐

图 3 - 81　设置表格中文本的对齐方式

3. 插入与删除行和列

(1)插入行和列:将鼠标移动至某行左外侧,选择【表格工具 - 布局】→【行和列】组中的【在上方插入】或【在下方插入】,即可插入一行。将鼠标移动至某列上方,选择【行和列】组中的【在左侧插入】或【在右侧插入】,即可插入一列,如图 3 - 82 所示。

(2)删除行和列:选择一行或多行,选择【表格工具 - 布局】→【行和列】→【删除】下拉列表中的【删除行】命令,即可删除一行或多行。选择一列或多列,选择【表格工具 – 布局】→【行和列】→【删除】下拉列表中的【删除列】命令,即可删除一列或多列,如图 3 – 83 所示。

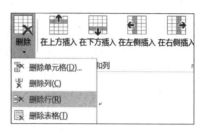

图 3 – 82　插入行和列　　　　　图 3 – 83　删除行和列

4. 合并和拆分单元格

(1)合并单元格:选中需合并的多个单元格,单击【表格工具 – 布局】→【合并】→【合并单元格】按钮,即可将多个单元格合并,如图 3 – 84 所示。

(2)拆分单元格:选中需拆分的单元格,单击【表格工具 – 布局】→【合并】→【拆分单元格】按钮,在弹出的【拆分单元格】对话框中输入需拆分的行数和列数,单击【确定】按钮,关闭对话框即可,如图 3 – 85 所示。

(3)拆分表格:将光标定位到需拆分表格的位置,单击【表格工具 – 布局】→【合并】→【拆分表格】按钮,即可从该位置将表格拆分为上下两个表格。

5. 调整表格的行高和列宽

(1)使用鼠标调整行高和列宽:将光标移动至需调整高度的行的下框线,拖动框线到指定位置即可完成行高的调整。同理,将光标移动至需调整宽度的列的右框线,拖动框线到指定位置即可完成列宽的调整。

(2)使用菜单调整行高和列宽:将光标移动至需调整行高或列宽的单元格,在【表格工具 – 布局】→【单元格大小】组中输入相应的高度和宽度即可,如图 3 – 86 所示。

图 3 – 84　合并单元格　　　图 3 – 85　拆分单元格　　　图 3 – 86　调整行高和列宽

(四)美化表格

表格创建编辑完成后,还可为其设置边框和底纹,或使用自动样式,使其更加美观。

1. 设置表格边框

选中需设置边框的表格、行、列或单元格,在【表格工具 – 设计】→【边框】组的【边框样式】下拉列表中选择一种主题边框样式。还可在【表格工具－设计】→【边框】组中的【边框】下拉列表中,根据需要设置边框线条的线型、粗细和颜色等,如图 3－87 所示。

2. 设置表格底纹

选中需设置底纹的表格、行、列或单元格,在【表格工具－设计】→【表格样式】组的【底纹】下拉列表中,选择需设置的底纹颜色即可,如图 3－88 所示。

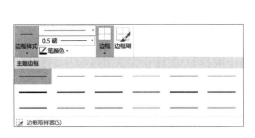

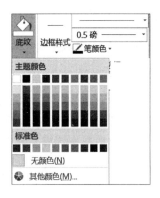

图 3－87　设置边框样式　　　　　　　图 3－88　设置表格底纹

3. 设置表格样式

选中整个表格,在【表格工具－设计】→【表格样式】组中选择一种表格样式即可。

(五)表格的排序和计算

Word 2013 提供了对表格的简单数据处理功能,如对表格中的数据排序、通过公式计算结果等。

1. 表格中数据的排序

选中整个表格,单击【表格工具－布局】→【数据】→【排序】按钮,打开【排序】对话框,根据需要在其中设置排序的关键字及类型即可,如图 3－89 所示。

图 3－89　表格排序

2. 表格中数据的计算

Word 2013 中的表格具有一定的计算功能,有些可以通过计算得到的数据就不必进行输入,只要定义好公式将计算结果显示在表格中即可。经过公式计算所得到的结果是一个域,当公式中的源数据发生变化时,结果经过更新也会随之改变。将光标定位到放置计算结果的单元格,单击【表格工具 – 布局】→【数据】→【公式】按钮,打开【公式】对话框,根据需要输入公式,如图 3 – 90 所示。

(六)表格和文本之间的相互转换

Word 2013 中表格和文本可以相互转换。

1. 将表格转换为文本

选中整个表格,【表格工具 – 布局】→【数据】→【转换为文本】命令,打开【表格转换成文本】对话框,在对话框中选择合适的文字分隔符即可,如图 3 – 91 所示。

图 3 – 90 【公式】对话框 　　　　图 3 – 91 【表格转换成文本】对话框

2. 将文本转换为表格

选中所有需转换成表格的文本,选择【插入】→【表格】组中【表格】下拉列表中的【文本转换成表格】命令,打开【将文本转换成表格】对话框,在对话框中【表格尺寸】区域输入合适的列数,在【自动调整】操作区域根据需要选择一项,在【文字分隔位置】区域选择需使用的分隔符,单击【确定】按钮关闭对话框,如图 3 – 92 示。

任务实现

(1)新建文档,在文档中输入表格标题"行政处罚审批表",将其格式设置为"黑体、三号、居中对齐"。在标题下一行输入文字"×公(治)审字[201×]第 15 号",将其格式设置为"宋体、五号字、右对齐"。

(2)将光标定位到下一行,在【插入】→【表格】组【表格】下拉列表中选择【插入表格】命令,打开【插入表格】对话框,在【列数】和【行数】文本框中分别输入 2 和 17,单击【确定】按钮关闭对话框,如图 3 – 93 所示。

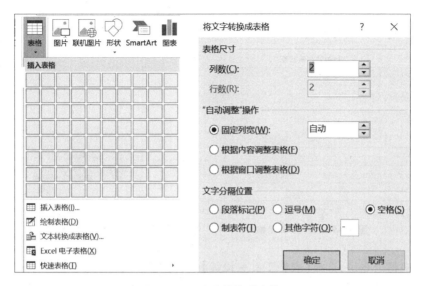

图 3-92　文本转换成表格

（3）选中表格第 1 列，在【表格工具－布局】→【单元格大小】组中将列宽设置为 3 厘米，如图 3-94 所示。

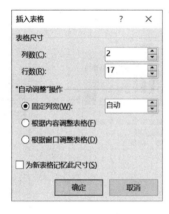

图 3-93　插入表格

图 3-94　设置列宽

（4）选中第 1 行第 2 列，在【表格工具－布局】→【合并】组中选择【拆分单元格】命令，将单元格拆分为 3 列。如图 3-95 所示。按相同方法，分别将第 2 列的第 3 行拆分为 6 列，将第 2 列的第 4 行拆分为 4 列，将第 2 列的第 5~11 行拆分为 4 列。

（5）选中第 1 列的第 3~9 行，在【表格工具－布局】→【合并】组中选择【合并单元格】命令。按以上方法合并第 2 大列中 5~9 行的第 3~5 列，合并后效果如图 3-96 所示。

（6）在表格中输入文本，将文本格式设置为"宋体、五号字"。选中表格所有文本，单击【表格工具－布局】→【对齐方式】→【水平居中】按钮，设置文字居

图 3-95　拆分单元格

中对齐,如图 3 –97 所示。选中表格第 2 大列 13 ~ 17 行所有文本,单击【表格工具 – 布局】→【对齐方式】→【中部左对齐】按钮,设置文本左对齐。

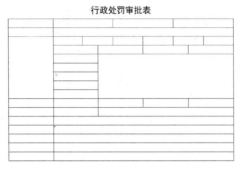

行政处罚审批表

图 3 –96　合并单元格　　　　　　图 3 –97　设置文本居中对齐

(7)选中整个表格,选择【表格工具 – 设计】→【边框】组【边框】下拉列表中的【边框和底纹】命令,打开【边框和底纹】对话框。切换至【边框】选项卡,在【设置】区域中选择【自定义】选项,分别设置外边框和内边框为单线"1.5 磅"和"0.75 磅",如图 3 –98 所示。切换至【底纹】选项卡,为表格第一行设置"白色,背景 1,深色 15%"底纹,如图 3 –99 所示。

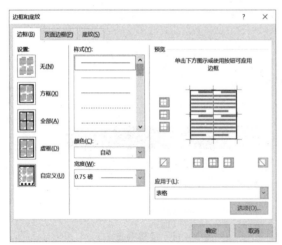

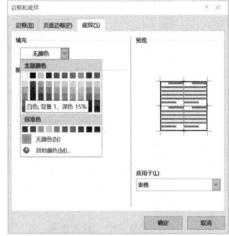

图 3 –98　设置边框　　　　　　　图 3 –99　设置底纹

(8)完成《行政处罚审批表》的编辑,将文件保存为"行政处罚审批表 . docx"后关闭。

任务5　高级排版——排版与打印毕业论文

任务描述

小张成绩优异,实际操作能力很强,临近毕业,班里很多同学请他帮忙排版毕业论文。

于是,小张将排版过程详细地罗列出来,供同学们参考,完成效果如图 3－100 所示。

图 3－100　毕业论文排版效果图

任务要求

通过本任务学会长文档的编辑和排版;掌握样式的创建和目录的生成;熟悉批注和修订文档的使用;了解几种文档视图以及题注、脚注和尾注的使用。

相关知识

(一)文档视图

Word 2013 为用户提供了 5 种视图,分别为:阅读视图、页面视图、Web 版式视图、大纲视图和草稿。在【视图】选项卡【视图】组中可以进行各种视图的切换,如图 3－101所示。

图 3－101　切换视图

1. 阅读视图

阅读视图提供了阅读文档的最佳方式,将文档内容以缩略图或文档结构图模式显示在屏幕上。在阅读视图下,用户可以上下翻页和添加批注,但不能对文档内容进行修改、编辑。

2. 页面视图

在页面视图可查看文档的打印外观,显示整个页面的布局情况,以及文本、图片、表格、文本框等各对象在页面中的显示效果,方便修改、编辑文档内容。

3. Web 版式视图

Web 版式视图用于查看网页形式的文档外观。在 Web 版式视图中,可以创建网页或文档,也可以设置文档背景。

4. 大纲视图

大纲视图以大纲形式显示文档内容,可查看文档的整个框架结构。在大纲视图下,文档内容前将自动添加项目符号,方便添加标题和移动整个段落。

5. 草稿

草稿用于快速插入文本,以及对文本进行简单编辑和排版。在草稿中,不可显示文本框、图形图片、页眉页脚和文档背景等对象。

(二)样式设置

样式是指一组系统预定义或用户自定义的排版格式,包括字符、段落格式等。使用样式,可以快速对文档标题、正文、标号、图片和表格等对象进行统一的格式化操作,使整个文档格式保持一致。

1. 使用样式

选中文本或将光标置于需设置样式处,在【开始】→【样式】组中选择一种已有的样式,即可将光标所在整个段落的文本设置为所选样式的格式。

2. 新建样式

用户如需自定义样式,可以单击【开始】→【样式】组右下角的对话框启动器按钮,在弹出的【样式】对话框中,单击左下角的【新建样式】按钮,打开【根据格式设置创建新样式】对话框,在其中可创建新的样式,如图 3 – 102 所示。

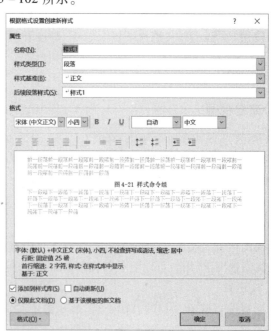

图 3 – 102　新建样式

3. 修改、删除样式

在【样式】对话框中,在需修改或删除的样式处右击,或单击其右侧的下拉按钮,在弹出的下拉列表中选择相应的选项操作即可。

(三)创建目录

目录一般位于文档的开头,通过目录可以浏览文档的整体结构,快速定位到需要浏览或编辑的文档位置。在为文档创建目录之前,首先要设置各级标题和正文的样式。样式设置完成之后,将光标定位到需添加目录的位置,在【引用】→【目录】组【目录】下拉列表中选择一种目录样式,就会自动生成一个目录,如图 3 - 103 所示。

目录创建完成后,按住【Ctrl】键的同时单击某个标题就可以跳转到该标题所对应的内容处。当文档中有标题发生更改时,单击【引用】→【目录】→【更新目录】按钮,在打开的对话框中选择【更新整个目录】选项,便可将目录更新到最新状态。

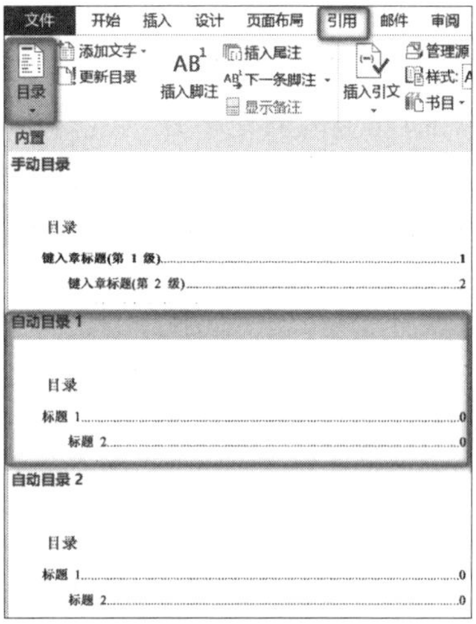

(四)插入题注、脚注和尾注

图 3 - 103 生成目录

题注是指为图片、表格等对象添加编号和名称。脚注是标注资料来源、为文章补充注解的一种方式。尾注一般位于文档的末尾,常用于对文本补充说明、列出引文出处等。在【引用】选项卡中可以插入题注、脚注和尾注,如图 3 - 104 所示。

图 3 - 104 插入题注、脚注和尾注

(五)插入批注和修订文档

1. 插入批注

选择要添加批注的文本,在【审阅】→【批注】组中单击【新建批注】按钮,选中的文本将添加一条引线引至文档右侧,在批注文本框中输入批注内容即可。添加的批注会自动编号排列,也可通过单击【上一条】或【下一条】按钮查看已添加的批注。若要删除已添加的批注,在要删除的批注上右击,在弹出的快捷菜单中选择【删除批注】命令即可,如图 3 - 105 所示。

2. 修订文档

修订功能可以跟踪对文档的所有修改。当多人对文档合作修改或提供反馈时,此功能非常有用。具体操作过程为:单击【审阅】→【修订】→【修订】按钮,即可进入修订状态,之后对文档的任何操作都将被记录下来。修订结束后,必须再次单击"修订"按钮退出修订状态,否则文档中任何操作都会被作为修订操作,如图 3 – 106 所示。

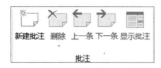

图 3 – 105　插入批注

图 3 – 106　修订文档

3. 接受与拒绝修订

文档修订完成后,可在【审阅】→【更改】组中单击【接受】按钮接受修订,或单击【拒绝】按钮拒绝修订。也可在【接受】按钮的下拉列表中,选择【接受对文档的所有修订】选项一次性接受对文档的所有修订。

(六)打印设置

文档打印之前,可以在【页面布局】→【页面设置】组中进行相关设置,如设置文字方向、页边距、纸张方向、纸张大小等,如图 3 – 107 所示。

图 3 – 107　页面设置

任务实现

(1)打开文件"任务五　排版毕业论文 . docx",选中文本"病毒入侵的途径与防治研究",单击【插入】→【样式】组右下角的对话框启动器按钮,在弹出的对话框中单击左下角的【新建样式】按钮,打开【根据格式设置创建新样式】对话框。在打开的对话框中创建"一级标题"样式,将一级标题的字体格式设置为"黑体、三号、加粗",段落格式设置为"居中对齐、大纲级别 1 级、2 倍行距",如图 3 – 108 所示。

图 3 – 108　"一级标题"样式

（2）参照以上方法创建其他标题和文本的样式。将二级标题格式设置为"黑体、四号、加粗、左对齐、段前段后均为 0 行,1.5 倍行距"。将三级标题格式设置为"宋体、小四号、加粗、左对齐、首行缩进 2 字符、段前段后均为 0 行,1.5 倍行距"。将正文格式设置为"宋体、小四号、两端对齐、首行缩进 2 字符、段前段后均为 0 行,1.5 倍行距"。样式创建完成后,选择相应的文档标题及正文使用样式。

（3）单击【视图】→【视图】→【大纲视图】按钮,将视图模式切换到大纲视图。在【大纲】→【大纲工具】组中选择【显示级别】选项为"2 级"。双击"病毒入侵的途径与防治研究"文本段落左侧的" + "标记,可展开下面的内容,如图 3 – 109 所示。单击【大纲】→【关闭】→【关闭大纲视图】按钮,可返回页面视图模式。

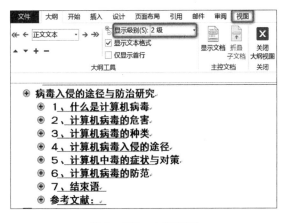

图 3 – 109 大纲视图

（4）在【插入】→【页眉和页脚】组中单击【页眉】下拉按钮,在下拉列表框中选择【空白】页眉样式。在页眉中输入文本"病毒入侵的途径与防治研究",设置页眉的字体格式为"宋体、五号",选中"首页不同"复选框,如图 3 – 110 所示。

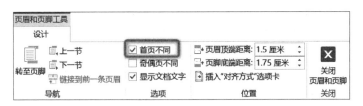

图 3 – 110 页眉设置

（5）在【插入】→【页眉和页脚】组中单击【页脚】下拉按钮,在下拉列表框中选中【编辑页脚】选项。单击【页眉和页脚工具 – 设计】→【页眉和页脚】→【页码】下拉按钮,在弹出的下拉列表中选择【页面底端】的【普通数字 2】格式,如图 3 – 111 所示。

（6）单击【引用】→【题注】→【插入题注】按钮,在打开的【题注】对话框中单击【新建标签】按钮,并输入对应的文字标签,如图 3 – 112 所示。

（7）将光标定位到标题"病毒入侵的途径与防治研究"之前,单击【插入】→【页面】→【空白页】按钮,在新的空白页创建目录。单击【引用】→【目录】组中的【目录】下拉按钮,在下拉列表中选择【自定义目录】选项,在打开的对话框中,单击【目录】选项卡,选中【显示页码】和【页码右对齐】复选框,在【制表符前导符】下拉列表中选择第一个选项,在【显示级别】数值框中输入"3",撤销选中【使用超链接而不使用页码】复选框,如图3-113所示。单击【选项】按钮,打开【目录选项】对话框,在其中可对使用的标题级别进行设置,如图3-114所示。返回文档编辑区即可查看新插入的目录。

图3-111　页码设置

图3-112　插入题注

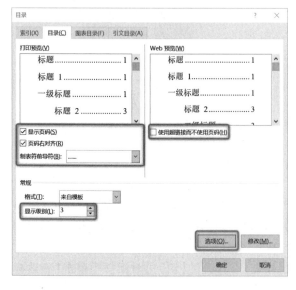

图3-113　添加目录

图3-114　目录选项设置

(8)单击【引用】→【目录】→【更新目录】按钮,打开【更新目录】对话框,在对话框中选择【更新整个目录】选项,将目录更新为最新状态,如图 3 - 115 所示。

图 3 - 115　更新目录

(9)选择要添加批注的文本,单击【审阅】→【批注】→【新建批注】按钮,在批注文本框中输入批注内容。

(10)单击【审阅】→【修订】→【修订】按钮,进入修订状态,此时对文档的任何操作都将被记录下来,如图 3 - 116 所示。修订完成后,选择【审阅】→【更改】组中"接受"下拉列表中的【接受所有修订】命令,接受所有修订,再次单击【修订】按钮退出修订状态。

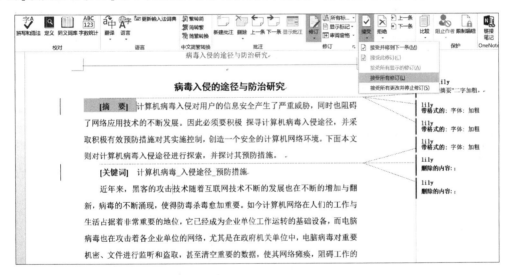

图 3 - 116　修订文档

(11)分别选择【页面布局】→【页面设置】组中的各选项,将纸张大小设置为"A4"、页边距设置为"普通"、纸张方向为"纵向"。

(12)选择【文件】→【打印】命令,预览文档打印效果。

项目四

使用 Excel 2013 制作电子表格

项目引言

Excel 2013 是一款功能强大的电子表格处理软件,主要用于将庞大的数据转换为比较直观的表格或图表。本章通过 2 个任务,介绍 Excel 2013 的使用方法,包括基本操作,编辑数据,设置格式和打印表格等。

学习目标

- 熟悉 Excel 2013 软件的启动与退出方法及基本界面,理解工作簿、工作表等基本概念。
- 掌握 Excel 2013 的基本操作,及相关表格的管理操作。
- 掌握本章所介绍的函数的使用方法。
- 掌握数据排序与筛选,并能够在实践中灵活运用。
- 掌握使用图表直观地展示 Excel 数据。

关键知识点

- 字符、段落格式化。
- 基本操作。
- 拆分工作表。
- 冻结窗格。
- 保护工作表。
- 使用 Excel 函数。
- 数据排序与筛选。
- 使用图表。

任务 1　制作学生期末成绩表

任务描述

老师让班长张明利用 Excel 制作一份本班同学的期末成绩表，并以“学生期末成绩表”为名进行保存，张明拿到各位学生的成绩单后，利用 Excel 制作了表格，方便班主任查看数据，效果如图 4－1 所示。

	A	B	C	D	E	F	G	H
1	计算机网络2班学生期末成绩表							
2	序号	学号	姓名	高等数学	C语言	计算机基础	图像处理	上级实训
3	1	20190901401	张晓	90	90	95	89	优
4	2	20190901402	赵红	***55***	92	90	75	优
5	3	20190901403	张雄	65	90	88	78	良
6	4	20190901404	王丽丽	98	75	70	72	及格
7	5	20190901405	李思思	68	80	75	98	优
8	6	20190901406	河源	69	66	62	61	良
9	7	20190901407	于梦溪	89	75	***55***	68	优
10	8	20190901408	张明	78	66	60	65	不及格
11	9	20190901409	罗敏	75	61	75	81	优
12	10	20190901410	李华	***59***	***55***	63	60	及格

图 4－1　学生期末成绩表效果图

任务要求

熟悉 Excel 2013 的工作环境，掌握使用 Excel 创建表格、编辑表格和格式化表格以及保存表格的基本方法。

(1)新建一个空白工作簿，以“学生期末成绩表”为名进行保存。

(2)在 A1 单元格中输入“计算机网络 2 班学生期末成绩表”文本，然后在 A2:H2 单元格中输入相关科目名称。

(3)在 A3 单元格中输入 1，使用鼠标填充柄的方式进行序列填充。

(4)在 B3 单元格使用填充柄的方式输入学号列的数据，在 C3:G12 输入姓名以及各科的成绩。

(5)合并 A1:H1 单元格区域，设置单元格格式为“黑体、18 号”。

(6)选择 A2:H2 单元格区域，设置单元格格式为“楷体、12、居中对齐”，设置底纹为“茶色，背景 2，深色 25%”，并设置表格的外边框为粗实线，内边框为细线。

(7)选择 D3:G12 单元格区域，为其设置条件格式“成绩＜60”为“加粗倾斜、红色”。

(8)调整 F 列的列宽到合适的宽度，手动设置第 2～12 行的行高为“15”。

(9)为工作表设置图片背景，背景图片为提供的“背景 jpg”素材。

相关知识

（一）熟悉 Excel 2013 工作界面

Excel 2013 工作界面由"快速访问"工具栏、标题栏、文件选项卡、功能选项卡、功能区、编辑栏和工作表编辑区等部分组成,如图 4 – 2 所示。下面将介绍编辑栏和工作表编辑区的作用。

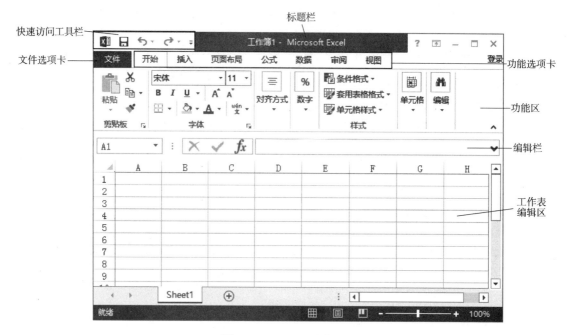

图 4 – 2   Excel 工作界面

1. 编辑栏

编辑栏用来显示和编辑当前活动单元格中的数据或公式。默认情况下,编辑栏中包括名称框、【插入函数】按钮 fx 和编辑栏,但在单元格中输入数据或插入公式与函数时,编辑栏中的【取消】按钮✕和【输入】按钮✓也将显示出来。

（1）名称框。名称框是显示当前单元格的地址或函数名称,如在名称框中输入"A3"后,按【Enter】键表示选择 A3 单元格。

（2）【取消】按钮✕。单击该按钮表示取消输入的内容。

（3）【输入】按钮✓。单击该按钮表示确定并完成输入的内容。

（4）【插入函数】按钮 fx。单击该按钮,快速打开【插入函数】对话框,可选择相应的函数插入表格。

（5）编辑框。编辑框用于显示在单元格中输入或编辑的内容。

2. 工作表编辑区

工作表编辑区是 Excel 编辑数据的主要场所,它包括行号与列标、单元格和工作表标签等。

（1）行号与列标。行号用"1、2、3……"等阿拉伯数字标识，列标则用"A、B、C……"等大写英文字母标识。一般情况下，单元格地址表示为"列标＋行号"，如位于 A 列 1 行的单元格可表示为 A1 单元格。

（2）工作表标签。工资表标签用于显示工作表的名称，如"Sheet1""Sheet2""Sheet3"等。在工作表标签单击 ◁ 或 ▷ 按钮将向前或向后切换一个工作表标签。若在工作表标签左侧的任意一个滚动显示按钮上右击，在弹出的快捷菜单中选择任意一个工作表也可以切换工作表。

（二）认识工作簿、工作表、单元格

在 Excel 中，工作簿、工作表和单元格是构成 Excel 的框架，同时它们之间存在着包含与被包含的关系，了解其概念和相互之间的关系，有助于在 Excel 中执行相应的操作。

1. 工作簿、工作表和单元格的概念

下面首先了解工作簿、工作表和单元格的概念。

（1）工作簿。工作簿即 Excel 文件，是用来存储和处理数据的主要文档，也称电子表格。默认情况下，新建的工作簿以"工作簿 1"命名，若继续新建工作簿将以"工作簿 2""工作簿 3"等进行命名，且工作簿名称将显示在标题栏的文档名处。

（2）工作表。工作表用来显示和分析数据的工作场所，它存储在工作簿中。默认情况下，一张工作簿中包含 3 个工作表，分别以"Sheet1""Sheet2""Sheet3"进行命名。

（3）单元格。单元格是 Excel 中最基本的数据存储单元，它通过对应的行号和列标题进行命名引用。单个单元格地址可表示为"列表＋行号"，而多个连续的单元格称为单元区域，其地址表示为"单元格：单元格"，如 A2 单元格与 C5 单元格之间连续的单元格可表示为A2：C5 单元格区域。

2. 工作簿、工作表、单元格的关系

工作簿中包含了一张或多张工作表，工作表由排列成行或列的单元格组成。在计算机中工作簿为文件的形式独立存在，Excel 2013 创建的文件扩展名为".xlsx"。

（三）切换工作簿视图

在 Excel 中，可根据需要在右下角视图栏中单击视图按钮 ▦ ▤ ▥ 中的相应按钮，或在【视图】→【工作簿视图】组中单击相应的按钮来切换工作簿视图。下面分别介绍各工作簿视图的作用。

1. 普通视图

普通视图是 Excel 中的默认视图，用于正常显示工作表，在其中可以执行数据输入、数据计算和图表制作等操作。

2. 分页预览视图

分页预览视图可以显示蓝色的分页符，用户可以用鼠标拖动分页符以改变显示的页数和每页的显示比例。

3. 页面布局视图

在页面布局视图中，每一页都会同时显示页边距、页眉和页脚，用户可以在此视图模式下编辑数据、添加页眉和页脚,并可以通过拖动标尺中上边或左边的滑块设置页面边距。

4．自定义视图

除了系统提供的几种视图,用户还可将一些特定的显示设置、打印设置、筛选条件等常用设置保存为自定义视图,以便需要时快速应用。单击【视图】→【工作簿视图】组中的【自定义视图】按钮,即可打开自定义视图的【视图管理器】对话框,单击【添加】按钮,在弹出的【添加视图】对话框的【名称】文本框中对当前准备保存的视图进行命名,单击【确定】按钮,即可在【视图管理器】对话框中看到刚添加的视图,选中后,单击【显示】按钮,就可以快速进入该视图了。

(四)选择单元格

要在表格中输入数据,首先应选择输入数据的单元格。在工作表中选择单元格的方法有以下 6 种。

(1)选择单个单元格。单击单元格,或在名称框中输入单元格的行号和列号后按【Enter】键即可选择所需的单元格。

(2)选择所有单元格。单击行号和列标左上角交叉处的【全选】按钮 ◢ ,或按【Ctrl + A】组合键即可选择工作表中所有单元格。

(3)选择相邻的多个单元格。选择起始单元格后,按住鼠标左键不放,拖动鼠标到目标单元格,或按住【Shift】键的同时选择目标单元格,即可选择相邻的多个单元格。

(4)选择不相邻的多个单元格。按住【Ctrl】键的同时依次单击需要选择的单元格,即可选择不相邻的多个单元格。

(5)选择整行。将鼠标移动到需选择行的行号上,当鼠标光标变成向右箭头形状时,单击即可选择该行。

(6)选择整列。将鼠标移动到需选择列的列标上,当鼠标光标变成向下箭头形状时,单击即可选择该列。

(五)合并与拆分单元格

当默认的单元格样式不能满足实际需要时,可通过合并与拆分单元格的方法来设置表格。

1．合并单元格

在编辑表格的过程中,为了使表格结构看起来更美观、层次更清晰,有时需要对某些单元格区域进行合并操作。选择需要合并的多个单元格,然后在【开始】→【对齐方式】组中单击【合并后居中】按钮 ▦ 。也可单击【合并居中】按钮右侧的下拉按钮,在打开的下拉列表中可以选择【合并后居中】、【跨越合并】、【合并单元格】、【取消单元合并】等选项。

2．拆分单元格

拆分单元格的方法与合并单元格的方法完全相反,在拆分时选择合并的单元格,然后单击【合并后居中】按钮,或单击【开始】→【对齐方式】组右下角的对话框启动器按钮,打开【设置单元格格式】对话框,在【对齐】选项卡下撤销选中【合并单元格】复选框即可。

(六)插入与删除单元格

在表格中可插入和删除单个单元格,也可插入或删除一行或一列单元格。

1. 插入单元格

插入单元格的具体操作如下。

(1)选择单元格,在【开始】→【单元格】组中单击【插入】按钮 右侧的下拉按钮,在打开的下拉列表中选择【插入工作表行】或【插入工作表列】选项,即可插入整行或整列单元格。此处选择【插入单元格】选项。

(2)在打开的【插入】对话框中单击选中对应的单选项后,单击【确定】按钮即可。

2. 删除单元格

删除单元格的具体操作如下。

(1)选择要删除的单元格,单击【开始】→【单元格】组中的【删除】按钮 右侧的下拉按钮,在打开的下拉列表中选择【删除工作表行】或【删除工作表列】选项,即可删除整行或整列单元格。此处选择【删除单元格】选项。

(2)在打开的【删除】对话框中单击选中对应单选项后,单击【确定】按钮即可删除所选单元格。

(七)查找与替换数据

在 Excel 表格中手动查找与替换某个数据将会非常麻烦,且容易出错,此时可利用查找与替换功能快速定位到满足查找条件的单元格,并将单元格中的数据替换为需要的数据。

1. 查找数据

利用 Excel 提供的查找功能查找数据的具体操作如下。

(1)在【开始】→【编辑】组中单击【查找和选择】按钮 ,在打开的下拉列表中选择【查找】选项,打开【查找和替换】对话框,单击【查找】选项卡。

(2)在【查找内容】文本框中输入要查找的数据,单击【查找下一个】按钮,便能快速查找到匹配条件的单元格。

(3)单击【查找全部】按钮,可以在【查找和替换】对话框下方列表中显示所有包含需要查找数据的单元格位置。单击【关闭】按钮关闭【查找和替换】对话框。

2. 替换数据

替换数据的具体操作如下。

(1)在【开始】→【编辑】组中单击【查找和选择】按钮 ,在打开的下拉列表中选择【替换】选项,打开【查找和替换】对话框,单击【替换】选项卡。

(2)在【查找内容】文本框中输入要查找的数据,在【替换为】文本框中输入需替换的内容。

(3)单击【查找下一个】按钮,查找符合条件的数据,然后单击【替换】按钮进行替换,或单击【全部替换】按钮,将所有符合条件的数据一次性全部替换。

任务实现

(一)新建并保存工作簿

启动 Excel 后,系统将自动新建"工作簿 1"的空白工作簿。为了满足需要,用户还可新建更多的空白工作簿,其具体操作如下。

(1)选择【开始】→【所有程序】→【Microsoft Office】→【Microsoft Excel 2013】命令,启动 Excel 2013,然后选择【文件】→【新建】命令,在窗口中间的【可用模板】列表框中选择【空白工作簿】选项,在右下角单击【创建】按钮。

(2)系统将新建"工作簿 2"的空白工作簿。

(3)选择【文件】→【保存】命令,在打开的界面中单击【浏览】按钮在弹出的【另存为】对话框的【地址栏】下拉列表框中选择文件保存路径,在【文件名】下拉列表框中输入"学生成绩表 . xlsx",然后单击【保存】按钮。

提示:

➢ 按【Ctrl + N】组合键可快速新建空白工作簿。

➢ 在桌面或文件夹的空白位置处右击,在弹出的快捷菜单中选择【新建】→【Microsoft Excel 工作表】命令,也可新建空白工作簿

(二)输入工作表数据

输入数据是制作表格的基础,Excel 支持各种类型数据的输入,如文本和数字等,其具体操作如下。

(1)选择 A1 单元格,在其中输入"计算机网络 2 班学生期末成绩表"文本,然后按【Enter】键切换到 A2 单元格,在其中输入"序号"文本。

(2)按【Tab】键或【→】键切换到 B2 单元格,在其中输入"学号"文本,再使用相同的方法依次在后面单元格输入"姓名""高等数学""C 语言""计算机基础""图像处理技术""上机实训"等文本。

(3)选择 A3 单元格,在其中输入"1",将鼠标指针移动到单元格右下角,出现"+"形状的控制柄。在控制柄上按住鼠标左键不放,拖动鼠标至 A12 单元格,此时 A4:A12 单元格区域将自动生成序号。

(4)拖动鼠标选择 B3:B12 单元格区域,在【开始】→【数字】组中的【数字格式】下拉列表中选择【文本】选项,然后在 B3 单元格中输入学号"20190901401",并拖动控制柄为 B4:B12 单元格区域创建自动填充,完成后效果如图 4 - 3 所示。

(三)设置数据有效性

为单元格设置数据有效性后,可保证输入的数据在指定的范围内,从而减少出错率,其具体操作如下。

(1)在 C3:C12 单元格区域中输入学生名字,然后选择 D3:G12 单元格区域。

	A	B	C	D	E	F	G	H
1	计算机网络2班学生期末成绩表							
2	序号	学号	姓名	高等数学	C语言	计算机基础	图像处理	上级实训
3	1	20190901401						
4	2	20190901402						
5	3	20190901403						
6	4	20190901404						
7	5	20190901405						
8	6	20190901406						
9	7	20190901407						
10	8	20190901408						
11	9	20190901409						
12	10	20190901410						

图 4 - 3　自动填充数据

(2)在【数据】→【数据工具】组中单击【数据验证】按钮 ，打开【数据验证】对话框，在【允许】下拉列表中选择【整数】选项,在【数据】下拉列表中选择【介于】选项,在【最大值】和【最小值】文本框中分别输入 100 和 0,如图 4 - 4 所示。

图 4 - 4　设置数据验证

(3)单击【输入信息】选项卡,在【标题】文本框中输入"注意"文本,在【输入信息】文本框中输入"请输入 0～100 之间的整数"文本。

(4)单击【出错警告】选项卡,在【标题】文本框中输入"出错"文本,在【错误信息】文本框中输入"输入的数据不在正确范围内,请重新输入"文本,完成后单击【确定】按钮。

(5)在单元格中依次输入相关课程的学生成绩,选择 H3:H12 单元格区域,打开【数据验证】对话框,在【设置】选项卡的【允许】下拉列表中选择【序列】选项,在【来源】文本框中输入"优,良,及格,不及格"文本。

(6)选择 H3:H12 单元格区域任意单元格,然后单击单元格右侧的下拉按钮,在打开的下拉列表中选择需要的选项即可,如图 4 - 5 所示。

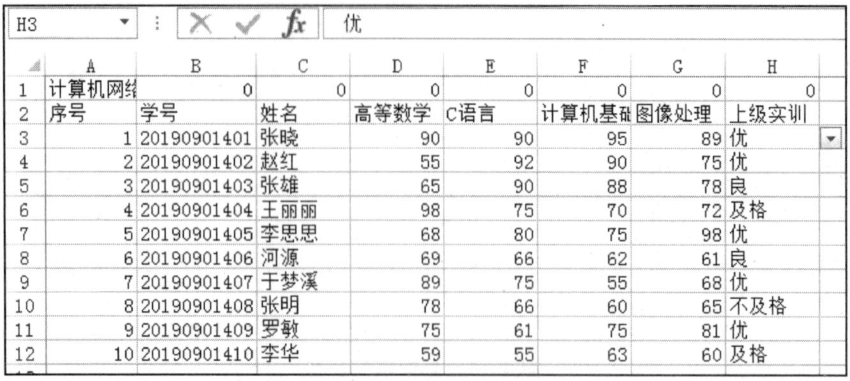

图 4-5 选择输入的数据

(四)设置单元格格式

输入数据后通常还需要对单元格设置相关的格式,美化表格,其具体操作如下。

(1)选择 A1:H1 单元格区域,在【开始】→【对齐方式】组中单击【合并后居中】按钮或单击该按钮右侧的下拉按钮,在打开的下拉列表中选择【合并后居中】选项。

(2)返回工作表中可看到所选的单元格区域合并为一个单元格,且其中的数据自动居中显示。

(3)保持选择状态,在【开始】→【字体】组的【字体】下拉列表框中选择"黑体",在【字号】下拉列表框中选择"18"。选择 A2:H2 单元格区域,设置其字体为"楷体",字号为"12",在【开始】→【对齐方式】组中单击【居中对齐】按钮 ☰。

(4)在【开始】→【字体】组中单击【填充颜色】按钮 🖌 右侧的下拉按钮 ▾,在打开的下拉列表中选择"茶色,背景 2,深色 25%"选项,选择剩余的数据,设置对齐方式为"居中对齐",完成后的效果如图 4-6 所示。

图 4-6 设置单元格格式

(5)选中 A2:H12 所有单元格,在【开始】→【对齐方式】组中单击对话框启动器按钮,打开【设置单元格格式】对话框,在【边框】选项卡中选择线条样式为"粗实线",单击【预置】→【外边框】按钮;再在【边框】选项卡中选择线条样式为"细实线",单击【预置】→【内边框】按钮。此时可以在预览框看到设置的样式,最后单击【确定】按钮,完成设置。如图 4 - 7 所示。

(五)设置条件格式

通过设置条件格式,用户可以将不满足或满足条件的数据单独显示出来,其具体操作如下。

(1)选择 D3:G12 单元格区域,在【开始】→【样式】组中单击【条件格式】按钮，在打开的下拉列表中选择【新建规则】选项,打开【新建格式规则】对话框。

(2)在【选择规则类型】列表框中选择【只为包含以下内容的单元格设置格式】选项,在【编辑规则说明】栏中的条件格式下拉列表选择"小于"选项,并在右侧的数据框中输入"60",如图 4 - 8 所示。

图 4 - 7　【单元格格式】对话框的【边框】选项卡

图 4 - 8　新建格式规则

(3)单击【格式】按钮,打开【设置单元格格式】对话框,在【字体】选项卡中设置字形为"加粗倾斜",将颜色设置为标准色中的"红色",如图 4 - 9 所示。

(4)依次单击【确定】按钮返回工作界面。使用相同的方法为 H3:H12 单元格区域设置条件格式。

(六)调整行高与列宽

默认状态下,单元格的行高和列宽是固定不变的,但是当单元格中的数据太多不能完全显示其内容时,则需要调整单元格的行高或列宽,使其符合单元格大小,其具体操作如下。

(1)选择 F 列,在【开始】→【单元格】组中单击【格式】按钮，在打开的下拉列表中选择【自动调整列宽】选项,返回工作表中可看到 F 列变宽且其中的数据完整显示出来。

(2)将鼠标指针移到第 1 行的行号间的间隔线上时,当鼠标指针变为"＋"形状时,按住鼠标左键向下拖动,此时鼠标指针右侧将显示具体的数据,待拖动至适合的距离后释放鼠标。

图 4 - 9　设置条件格式

(3)选择第 2 ~ 13 行,在【开始】→【单元格】组中单击【格式】按钮,在打开的下拉列表中选择【行高】选项,在打开的【行高】对话框的数值框中默认显示为"13.5",这里输入"15",单击【确定】按钮,此时,在工作表中可看到第 2 ~ 13 行的行高增大,如图 4 - 10 所示。

	A	B	C	D	E	F	G	H
1			计算机网络2班学生期末成绩表					
2	序号	学号	姓名	高等数学	C语言	计算机基础	图像处理	上级实训
3	1	20190901401	张晓	90	90	95	89	优
4	2	20190901402	赵红	55	92	90	75	优
5	3	20190901403	张雄	65	90	88	78	良
6	4	20190901404	王丽丽	98	75	70	72	及格
7	5	20190901405	李思思	68	80	75	98	优
8	6	20190901406	河源	69	66	62	61	良
9	7	20190901407	于梦溪	89	75	55	68	优
10	8	20190901408	张明	78	66	60	65	不及格
11	9	20190901409	罗敏	75	61	75	81	优
12	10	20190901410	李华	59	55	63	60	及格

图 4 - 10　设置行列后效果

(七)设置工作表背景

默认情况下,Excel 工作表中的数据呈白底黑字显示。为使工作表更美观,除了为其填充颜色外,还可插入喜欢的图片作为背景,其具体操作如下。

(1)在【页面布局】→【页面设置】组中单击【背景】按钮，打开【工作表背景】对话框，在【地址栏】下拉列表框中选择背景图片的保存路径，在工作区选择"背景.jpg"图片，单击【确定】按钮。

(2)返回工作表中可看到将图片设置为工作表背景后的效果。

任务2　编辑学生成绩表

任务描述

利用 Excel 2013 制作一份学生成绩表，用于比对每门课程学生的成绩，完成后的参考效果如图 4 – 11 所示。

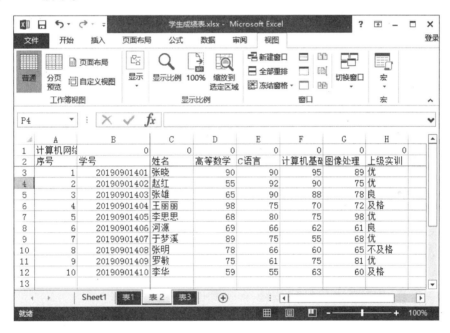

图 4 – 11　"学生成绩表"工作簿最终效果

任务要求

(1)打开素材工作簿，并先插入一个工作表，然后再删除"Sheet2""Sheet3""Sheet4"工作表。

(2)复制两次"Sheet1"工作表，并分别将所有工作表重命名为"表1""表2"和"表3"。

(3)通过双击工作表标签的方法重命名工作表。

(4)将"表1"工作表以 D3 单元格为中心拆分为 4 个窗格；将"表2"工作表 C3 单元格作为冻结中心冻结表格。

（5）分别将 3 个工作表依次设置为"红色""黄色""深蓝"。

（6）将工作表的对齐方式设置为"垂直居中"，横向打印 5 份。

（7）选择"表 3"的 E3:E20 单元格区域，为其设置保护，最后为工作表和工作簿分别设置密码，其密码为"123"。

相关知识

（一）选择工作表

选择工作表的实质是选择工作表标签，主要有以下 4 种方法。

（1）选择单张工作表。单击工作表标签，选择对应的工作表。

（2）选择连续多张工作表。单击选择第一张工作表，按住【Shift】键，不要放开鼠标，同时选择其他工作表。

（3）选择不连续的多张工作表。单击选择第一张工作表，按住【Ctrl】键，不要放开鼠标，同时选择其他工作表。

（4）选择全部工作表。在任意工作表上右击，在弹出的快捷菜单中选择【选定全部工作表】命令。

（二）隐藏与显示工作表

在工作簿中当不需要显示某个工作表时，可将其隐藏，当需要时再将其重新显示出来，其具体操作如下。

（1）选择需要隐藏的工作表，在选中的工作表上右击，在弹出的快捷菜单中选择【隐藏】命令，即可隐藏所选的工作表。

（2）在工作簿的任意工作表上右击，在弹出的快捷菜单中选择【取消隐藏】命令。

（3）在打开的【取消隐藏】对话框的列表框中选择需显示的工作表，然后单击【确定】按钮，即可将隐藏的工作表显示出来，如图 4 - 12 所示。

图 4 - 12 【取消隐藏】对话框

（三）设置超链接

在制作电子表格时，可根据需要为相关的单元格设置超链接，其具体操作如下。

（1）单击选择需要设置超链接的单元格，单击【插入】→【链接】→【超链接】按钮 ，打开【插入超链接】对话框。

（2）在打开的对话框中可根据需要设置链接对象的位置等，如图 4 - 13 所示，完成后单击【确定】按钮。

图 4 - 13 【插入超链接】对话框

(四)套用表格格式

如果用户希望工作表更美观,但又不想浪费太多的时间设置工作表格式时,可利用套用工作表格式功能直接调用系统中已设置好的表格格式,这样不仅可以提高工作效率,还可以保证表格格式的美观,其具体操作如下。

(1)选择需要套用表格格式的单元格区域,在【开始】→【样式】组中单击【套用表格格式】按钮,在弹出的下拉列表中选择其中的一种表格样式选项,如图 4 - 14 所示。

(2)当选择了套用范围的单元格区域后,在打开的【套用表格式】对话框中单击【确定】按钮即可。

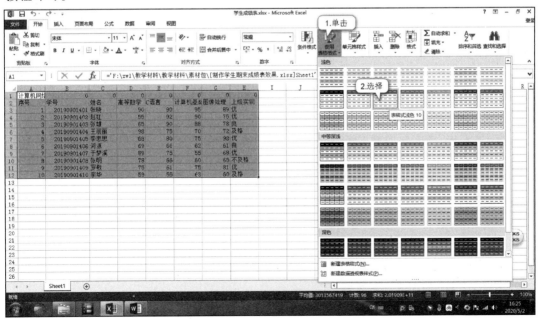

图 4 - 14 套用表格格式

（3）套用表格格式后，激活【表格工具 – 设计】选项卡，重新设置表格格式和表格样式选项。在【表格工具 – 设计】→【工具】组中单击【转换为区域】按钮 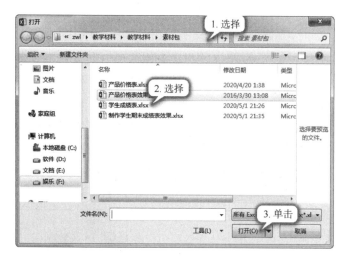（此处为小图标），可将套用的表格格式转换为区域，即转换为普通的单元格区域。

任务实现

（一）打开工作簿

要查看或编辑保存在计算机中的工作簿，首先要打开该工作簿，其具体操作如下。

（1）启动 Excel 2013 程序，选择【文件】→【打开】命令，或按【Ctrl + O】组合键。

（2）在【打开】对话框的【地址栏】下拉列表框中选择文件路径，在工作区选择"学生成绩表.xlsx"工作簿，单击【打开】按钮（也可以双击选中的工作簿打开），即可打开选择的工作簿，如图 4 – 15 所示。

图 4 – 15　【打开】对话框

（二）插入与删除工作表

在 Excel 中，当需要增加工作表时，可通过插入工作表来增加其数量，反之，可删除多余的工作表，以节省系统资源。

1. 插入工作表

默认情况下，Excel 工作簿中提供了 3 张工作表，但可以使用插入工作表来增加其数量。下面在"学生成绩表.xlsx"工作簿中通过"插入"对话框插入空白工作表，其具体操作如下。

方法一：在" Sheet 1"工作表标签上右击，在弹出的快捷菜单中选择【插入】命令，打开【插入】对话框在【常用】选项卡的列表框中选择【工作表】选项，单击【确定】按钮，即可插入新的空白工作表，如图 4 – 16 所示。

方法二：在【开始】→【单元格】组中单击【插入】按钮 右侧的下拉按钮，在弹出的下拉列表中选择【插入工作表】选项，都可快速插入空白工作表。

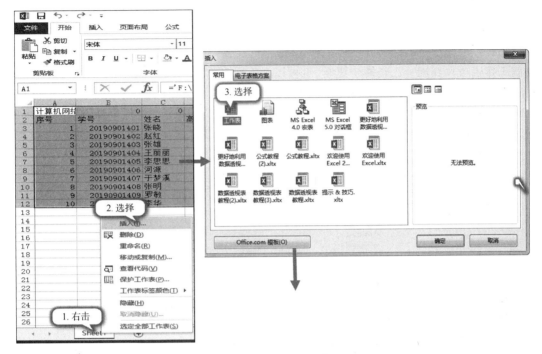

图 4 - 16　插入工作表

2. 删除工作表

当工作簿中存在多余的工作表或不需要的工作表时，可以将其删除。在删除操作时，如果要删除有数据的工作表，打开【是否永久删除这些数据】提示对话框，单击【删除】按钮将删除工作表和工作表中的数据，单击【取消】按钮将取消删除工作表的操作。下面将删除"学生成绩表.xlsx"工作簿中的"Sheet2""Sheets3"工作表，其具体操作如下。

按住【Ctrl】键不放，同时选择"Sheet2""Sheets3"工作表，在其上右击，在弹出的快捷菜单中选择【删除】命令。如图 4 - 17 所示。

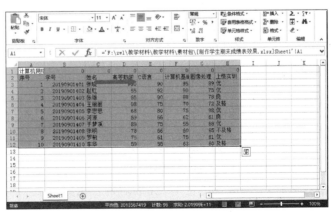

图 4 - 17　删除工作表

（三）移动与复制工作表

在实际操作中,经常会对一些数据进行共享,需要对工作表进行移动和复制。移动和复制工作表可以在同一工作簿中进行,也可以在不同工作簿之间进行。操作步骤如下。

(1)方法一:选择【开始】→【单元格】组【格式】下拉列表中的【移动或复制工作表】命令,在弹出的对话框中,在【将工作表移至工作簿】下拉列表中选择目标工作簿,在【下列选定工作表之前】选项中选择工作表的位置。勾选【建立副本】是复制,不勾选此项即为移动。如图 4 – 18 所示。

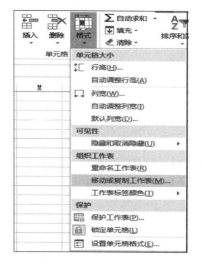

图 4 – 18　移动或复制工作簿

(2)方法二:右击要移动或复制的工作表标签,在弹出的快捷菜单中选择【移动或复制】命令,在弹出的对话框中选择目标工作簿、工作表位置,复制工作表,勾选【建立副本】复选框,移动则不勾选。

（四）重命名工作表

工作表的名称默认为"Sheet1""Sheet2"……,为了便于查询,可重命名工作表名称。下面在"学生成绩表.xlsx"工作簿中重命名工作表,其具体操作如下。

(1)双击"Sheet1"工作表标签,或在"Sheet1"工作表标签上右击,在弹出的快捷菜单中选择【重命名】命令,此时选择的工作表标签呈可编辑状态,直接输入文本"表1",然后按【Enter】键即可。

(2)使用相同的方法将 Sheet2 和 Sheet3 工作表标签重命名为"表2"和"表3",完成后再在相应的工作表中双击单元格修改其中的数据,如图 4 – 19 所示。

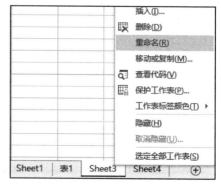

图 4 – 19　重命名工作表

（五）拆分工作表

工作表内容较多，希望比较对照工作表相距较远的数据时，可以拆分工作表窗口。下面在"学生成绩表.xlsx"工作簿的"表1"工作表中以 C4 单元格为中心拆分工作表，其具体操作如下。

在"表1"工作表中选择 D3 单元格，单击【视图】→【窗口】组中的【拆分】按钮，窗口会出现拆分条，将鼠标指针移到拆分条上方，待鼠标指针形状变成双向箭头时，按下鼠标左键拖动拆分条到目标位置松开。此时工作簿将以 C4 单元格为中心拆分为 4 个窗格，如 4-20 所示。如果需要取消拆分，只需再单击一次【拆分】按钮。

图 4-20　拆分工作表

（六）冻结窗格

在数据量较大的工作表中为了方便查看表头与数据的对应关系，可通过冻结工作表窗格随意查看工作表的其他部分而不移动表头所在的行或列。下面在"学生成绩表.xlsx"工作簿的"表2"工作表中以 C3 单元格为冻结中心冻结窗格，其具体操作如下。

（1）选择"表2"工作表，在其中选择 C3 单元格作为冻结中心，然后在【视图】→【窗口】组中单击【冻结窗格】按钮，在打开的下拉列表中选择【冻结拆分窗格】选项。

（2）返回工作表中，保持 C3 单元格上方和左侧的行和列的位置不变，再拖动水平滚动条或垂直滚动条，可查看工作表其他部分的行或列。如图 4-21 所示。

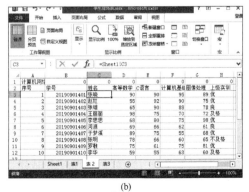

(a)　　　　　　　　　　　　　(b)

图 4-21　冻结拆分窗格

(七)设置工作表标签颜色

默认状态下,工作表标签的颜色是白底黑字,为了让工作表标签更美观醒目,可设置工作表标签颜色。下面在"学生成绩表.xlsx"工作簿中分别设置工作表标签颜色,其具体操作如下。

(1)在工作簿的工作表标签滚动显示按钮上右击,在弹出的快捷菜单中选择【工作表标签颜色】中的"红色"选项,如图 4-22。

(2)返回工作表中可查看设置的工作表标签颜色,单击其他工作表标签,然后使用相同的方法分别为"表 2"和"表 3"工作表设置工作表标签颜色为"黄色"和"深蓝"。

图 4-22 设置工作表标签颜色

(八)预览并打印表格数据

在打印表格之前需先预览打印效果,当对表格内容的设置满意后再开始打印,可以打印整个工作表,也可以打印区域数据。

1. 设置打印参数

选择需打印的工作表,预览其打印效果后,在【页面设置】对话框【工作表】选项卡中可设置【打印区域】或【打印标题】等内容,然后单击【确定】按钮,返回工作簿的打印窗口,单击【打印】按钮可只打印设置的区域数据。下面在"学生成绩表.xlsx"工作簿中预览并打印工作表,其具体操作如下。

(1)选择【文件】→【打印】命令,在窗口右侧预览工作表的打印效果,在窗口中间列表框的【设置】栏的【纵向】下拉列表框中选择【横向】选项,再在窗口中间列表框的右下方单击【页面设置】按钮,如图 4-23 所示。

(2)在【页面设置】对话框中单击【页边距】选项卡,在【居中方式】栏中选中【水平】和【垂直】复选框,然后单击【确认】按钮,如图 4-24 所示。

(3)在打印窗口中间的【打印】栏的【份数】中设置打印份数,这里输入"5",设置完成后单击【打印】按钮,打印表格。

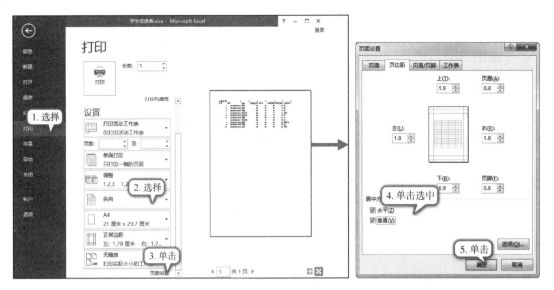

图 4 - 23　预览打印效果并设置纸张方向	图 4 - 24　设置居中方式

2. 设置打印区域数据

当只需打印表格中的部分数据时,可通过设置工作表的打印区域打印表格数据。下面在"学生成绩表.xlsx"工作簿中设置打印的区域为 A1:H12 单元格区域,其具体操作如下。

选择 A1:H12 单元格区域,单击【页面布局】→【页面设置】→【打印区域】按钮,在打开的下拉列表中选择【设置打印区域】选项,所选区域四周将出现虚线框,表示该区域将被打印,选择【文件】→【打印】命令,单击【打印】按钮即可,如图 4 - 25 所示。

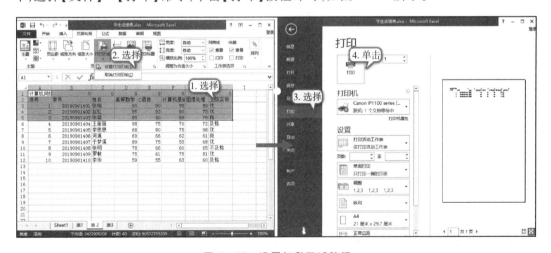

图 4 - 25　设置打印区域数据

(九)保护表格数据

在 Excel 表格中可能会存放一些重要的数据,利用 Excel 提供的保护单元格、保护工作表和保护工作簿等功能对表格数据进行保护,能够有效地避免他人查看或恶意更改表格数据。

1. 保护单元格

下面在"学生成绩表.xlsx"工作簿中为"表3"工作表的D3:H12单元格区域设置保护功能,其具体操作如下:选择"表3"工作表D3:H12单元格区域,右击,在弹出的快捷菜单中选择【设置单元格格式】命令,打开【设置单元格格式】对话框,在【保护】选项卡中选中【锁定】和【隐藏】复选框,单击【确定】按钮,就可以实现对该单元格的保护设置,如图4-26所示。

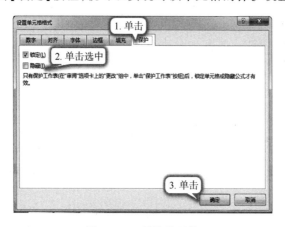

图4-26 保护单元格

2. 保护工作表

设置保护工作表功能后,当在被锁定区域输入内容时,系统会弹出警告框,用户只能查看表格数据,不能修改工作表中的数据,这样可以避免他人恶意更改表格数据。下面在"学生成绩表.xlsx"工作簿中设置工作表的保护功能,其具体操作如下。

单击【审阅】→【更改】组中的【保护工作表】按钮,打开【保护工作表】对话框,在【取消工作表保护时使用的密码】文本框中输入取消保护工作表的密码,这里输入密码"123",单击【确定】按钮,在【确认密码】对话框的【重新输入密码】文本框中输入与前面相同的密码,单击【确定】按钮即可,如图4-27所示。返回工作簿中可发现相应选项卡中的按钮或命令呈灰色状态显示。

图4-27 保护工作表

3. 保护工作簿

为了防止他人偶然或者恶意更改、删除或者是移动数据,可以通过保护工作簿来实现。下面在"学生成绩表.xlsx"工作簿中设置工作簿的保护功能,其具体操作如下。

在【审阅】→【更改】组中单击【保护工作簿】按钮,在打开的【保护结构和窗口】对话框中选中【窗口】复选框,表示在每次打开工作簿时工作簿窗口大小和位置都相同,然后在【密码】文本框中输入密码"123",单击【确定】按钮。在打开的【确认密码】对话框的【重新输入密码】文本框中,输入与前面相同的密码,单击【确定】按钮,如图 4 - 28 所示。返回工作簿中,完成后再保存并关闭工作簿。

图 4 - 28 保护工作簿

提示

撤销工作表或工作簿的保护功能的方法如下:

➢在【审阅】→【更改】组中单击【撤销工作表保护】按钮,在打开的【撤销工作表保护】对话框中输入保护密码,单击【确定】按钮。

➢单击【保护工作簿】按钮,在打开的【撤销工作簿保护】对话框中输入保护密码,单击【确定】按钮。

任务3 插入函数

📖 任务描述

学校单位领导交给小李一个 Excel 表格,里面包含两张工作表,内容包含新生信息、成绩信息、生源地代码信息等,要求小李填写表格内容并完成统计工作。

📝 任务要求

单位发给小李的文件"新生信息.xlsx"里面有两张工作表"Sheet1"和"Sheet2",如图 4 -29 和图 4 -30 所示。

	A	B	C	D	E	F	G	H	I	J	K	L
1	姓名	性别代码	性别	生源地代码	生源地名称	录取专业	出生年月	语文	数学	英语	物理	化学
2	韦佳	2		450125		物理学	1997/3/4	104	92	145	125	146
3	冯丹	2		450921		物理学	1996/4/28	102	115	86	105	128
4	李紫	2		451081		物理学	1996/11/25	128	82	129	92	96
5	颜浩	1		450721		化工工艺	1996/10/1	132	123	101	115	147
6	夏真	2		450226		化工工艺	1996/10/22	104	147	110	80	88
7	管海	1		450603		化工工艺	1996/10/17	121	85	92	113	101
8	黄玉	2		450126		机械电子	1997/7/1	87	107	142	119	131
9	何蓉	2		450304		机械电子	1997/1/20	116	113	101	95	139
10	钟金	1		450324		机械电子	1996/1/24	133	150	114	146	95
11	韦佳同学的总分是:											
12	韦佳同学的平均分是:											
13	数学最高分是:											
14	化学最低分是:											
15	韦佳同学化学成绩排名:											
16	录取学生人数:											
17	1997/1/1后出生人数:											
18	本省生源人数:											

图 4 - 29 Sheet1 工作表

	A	B
1	生源地代码	生源地名称
2	450125	上林县
3	450126	宾阳县
4	450921	容县
5	450981	北流市
6	450225	融水苗族自治县
7	450226	三江侗族自治县
8	450721	灵山县
9	451081	靖西市
10	450603	防城区
11	450304	象山区
12	451302	兴宾区
13	450502	海城区
14	450324	全州县
15	450127	横县

图 4-30　Sheet2 工作表

领导需要小李统计的数据在"Sheet1"工作表下方,并补全"Sheet1"工作表的"性别"和"生源地名称"两个字段的内容。

相关知识

(一)常用函数

Excel 2013 内置的函数非常多,按照不同的使用场合可以分为数学和三角函数、逻辑函数、查找和引用函数、文本函数、日期和时间函数、工程函数、财务函数、信息函数、统计函数、多维数据集函数、用户自定义的函数、Web 函数等。常用函数介绍如下。

1. SUM 函数

主要功能:计算所有参数数值的和。

语法格式:SUM(number1,number2…)。

参数说明:number1、number2…表示 SUM 的参数,可以是具体的数值、数据集合,也可以是引用的单元格(区域)等。

特别注意:如果参数是一组数组或引用,则只计算其中的数字。数组或引用中的空白单元格、逻辑值或文本将被忽略。

2. AVERAGE 函数

主要功能:计算所有参数的算术平均值。

语法格式:AVERAGE(number1,number2,…)。

参数说明:number1,number2,…需要求平均值的数据集合或引用单元格(区域)。

特别注意:如果引用区域中包含文本型的数字、逻辑值、空白单元格或字符单元格,将会忽略不计算在内。

3. MAX 函数

主要功能:求出一组数中的最大值。

语法格式:MAX(number1,number2…)。

参数说明:number1,number2…代表需要求最大值的数值组合或引用单元格(区域)。

特别注意:如果参数中有文本或逻辑值,则忽略。

4. MIN 函数

主要功能:求出一组数中的最小值。

语法格式:MIN(number1,number2…)。

参数说明:number1,number2…代表需要求最小值的数值组合或引用单元格(区域)。

特别注意:如果参数中有文本或逻辑值,则忽略。

5. RANK 函数

主要功能:求出某个数值在某个数据区域内的排名。

语法格式:RANK(number,ref,[order])。

参数说明:number 代表需要排名的数值或引用单元格(单元格内必须是数字)。Ref 为指定排名参照数集合或单元格区域的引用。Order 是可选参数,为 0 或 1,默认值为 0 时可省略输入,表示按照降序方式排序;当 order 为 1 时,表示按照升序方式排序。

6. COUNT 函数

主要功能:统计出现数字单元格的个数。

语法格式:COUNT(value1,[value2],…)。

参数说明:value 表示指定的数据集合或引用单元格(区域)。

特别注意:只能对数字数据和日期数据进行统计。

7. IF 函数

主要功能:用于判断是否满足条件,满足条件时返回一个值,不满足条件时返回另一个值。

语法格式:IF(logical_test,[value_if_true],[value_if_false])。

参数说明:logical_test 为判断条件,表示计算结果为 TRUE 或 FALSE 的任意值或表达式。value_if_true 是可选参数,表示满足条件时的返回值。value_if_false 是可选参数,表示不满足条件时的返回值。

8. VLOOKUP 函数

主要功能:查找函数,在数据表的第一列查找指定的数值,并返回数据表当前行中指定列处的数值。

语法格式:VLOOKUP(lookup_value,table_array,col_index_num,range_lookup)。

参数说明:Lookup_value 代表需要查找的数值。Table_array 代表需要在其中查找数据的单元格区域。Col_index_num 为在 table_array 区域中待返回的匹配值的列序号(当 Col_index_num 为 2 时,返回 table_array 第 2 列中的数值,为 3 时,返回第 3 列的值……)。Range_lookup 为逻辑值,如果为 TRUE 或省略,则返回模糊匹配值,也就是说,如果找不到精确匹配值,则返回小于 lookup_value 的最大数值;如果为 FALSE,则返回精确匹配值,如果找不到,则返回错误值#N/A。

9. COUNTIF 函数

主要功能:返回指定区域中符合指定条件的单元格计数量。

语法格式:COUNTIF(range,criteria)。

参数说明:range 是要计算其中非空单元格数目的区域,criteria 是以数字、表达式或文本形式定义的条件。

任务实现

(一)计算总分

计算韦佳同学的总分需要使用 SUM 函数。将光标定位到"韦佳同学的总分是:"右侧单元格即"D11",单击【公式】→【函数库】组中的【自动求和】下拉按钮,在下拉列表中选择【求和】选项,"D11"单元格自动填入"=SUM( )",光标在括号中闪烁,按住鼠标左键,拖动鼠标选中该同学的所有成绩,"D11"单元格内公式变为"=SUM(H2:L2)",表示对从"H2"到"L2"的所有单元格的数值求和,按【Enter】键,得到韦佳同学的总分为 612 分。

(二)计算平均分

计算韦佳同学的平均分可以使用 AVERAGE 函数。将光标定位到"韦佳同学的平均分是:"右侧单元格,即"D12",单击【公式】→【函数库】组中的【插入函数】按钮,打开【插入函数】对话框,如图4-31所示。

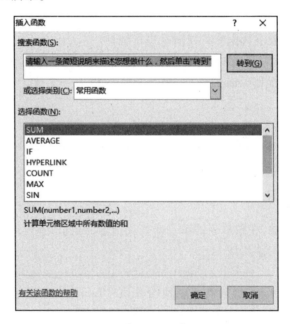

图 4 - 31 【插入函数】对话框

在【搜索函数】文本框中输入"平均",单击【转到】按钮,在下方【选择函数】列表中选择"AVERAGE",单击【确定】按钮,打开【函数参数】对话框,将【number1】文本框内自动填入的"D2:D11"删除,半角状态输入"H2:L2",单击【确定】按钮,得到韦佳同学的平均分为122 分。

（三）求最大值

求若干个数值中的最大值需要使用 MAX 函数。将光标定位到"数学最高分是："右侧的单元格，即"D13"，单击【公式】→【函数库】→【插入函数】按钮，打开【插入函数】单击对话框，在【搜索函数】文本框中输入"最大"，单击【转到】按钮，在下方【选择函数】列表中选择"MAX"，单击【确定】按钮，打开【函数参数】对话框，将【number1】文本框内自动填入的数值删除，填入"I2：I 10"，单击【确定】按钮，得到数学最高分 150 分。

（四）求最小值

求若干个数值中的最小值需要使用 MIN 函数。将光标定位到"化学最低分是："右侧的单元格，即"D14"，单击【公式】→【函数库】→【插入函数】按钮，打开【插入函数】对话框，在【搜索函数】文本框中输入"最小"，单击【转到】按钮，下方【选择函数】列表中选择"MIN"，单击【确定】按钮，打开【函数参数】对话框，将【number1】文本框内自动填入的数值删除，填入"L2：L10"，单击【确定】按钮，得到化学最低分 88 分。

（五）求排名

求某个数字在一组数字中的排名需要使用 RANK 函数。将光标定位到"韦佳同学化学成绩排名："右侧的单元格，即"D15"，单击【公式】→【函数库】→【插入函数】按钮，打开【插入函数】对话框，在【搜索函数】文本框中输入"RANK"，单击【转到】按钮，下方【选择函数】列表中选择"RANK"，单击【确定】按钮，打开【函数参数】对话框，在【number】输入框中填入"L2"；在【ref】文本框中填入"L2：L10"，单击【确定】按钮，得到韦佳同学化学成绩排名为 2。

（六）求包含数字的单元格个数

求某个区域内包含数字的单元格个数需要使用 COUNT 函数。将光标定位到"录取学生人数："右侧的单元格，即"D16"，单击【公式】→【函数库】→【插入函数】按钮，打开【插入函数】对话框，在【搜索函数】文本框中输入"个数"，单击【转到】按钮，下方【选择函数】列表中选择"COUNT"，单击【确定】按钮，打开【函数参数】对话框，将【value1】文本框自动填入的数值删除，填入"L2：L10"，单击【确定】按钮得到录取学生人数为 9。

（七）条件判断

Sheet1 表的"性别"字段需要根据"性别代码"字段进行设置。如果"性别代码"的值是"1"，对应的"性别"输入"男"，如果"性别代码"的值是"2"，对应的"性别"则输入"女"。

将光标定位在 C2 单元格，单击【公式】→【函数库】→【插入函数】按钮，打开【插入函数】对话框，在【搜索函数】文本框中输入"if"，单击【转到】按钮，下方【选择函数】列表中选择"IF"，单击【确定】按钮，打开【函数参数】对话框，【Logical test】文本框中填入"B2 = 1"；【Value_if_true】文本框中填入"男"；"Value_if_false"文本框中填入"女"，单击【确定】按钮，C2 单元格的值填入完成。此时使用自动填充可以将整个"性别"字段的值补充完整。

（八）检索数据

Sheet1 表中某个"生源地名称"字段值的设置：在 Sheet2 表中"生源地代码"列检索该"生源地代码"字段值，得到与之对应的生源地名称。将光标定位在 E2 单元格，单击【公式】→【函数库】→【插入函数】按钮，打开【插入函数】对话框，在【搜索函数】文本框中输入"VLOOKUP"，单击【转到】按钮，下方【选择函数】列表中选择"VLOOKUP"，单击【确定】按钮，打开【函数参数】对话框，在【Lookup_value】文本框中填入"D2"，即需要检索的值；【Table_array】文本框中填入"Sheet2！A：B"，即要在 Sheet2 的 A 列检索 D2 单元格的值，并可能需要用到 B 列对应于该值的内容；【Val_index_num】文本框中填入"2"，即在 A 列查找到 D2 单元格的值后，返回 B 列对应于该值的内容；【Range_lookup】文本输入框中填入"false"，表示精确匹配，单击【确定】按钮，得到与 D2 单元格值在 Sheet2 表 A 列检索结果对应的 B 列的值。使用自动填充即可填入 E 列其他的生源地名称。

（九）符合条件单元格个数

统计表格中符合条件的单元格数量需要使用 COUNTIF 函数。将光标定位在"1997/1/1 后出生人数："右侧单元格。即"D17"，单击【公式】→【函数库】→【插入函数】按钮，打开【插入函数】对话框，在【搜索函数】文本框中输入"COUNTIF"，单击【转到】按钮，下方【选择函数】列表中选择"COUNTIF"，单击【确定】按钮，打开【函数参数】对话框，在【Range】文本框中填入"G2：G10"，【Criteria】文本框中填入"＞＝1997/1/1"，单击【确定】按钮，得到1997年 1 月 1 日后出生的学生人数为 3。

广西生源考生的生源地代码是以"45"开头的 6 位字符串。根据这个思路，将光标定位在"广西生源人数："右侧的单元格，即"D18"，单击【公式】→【函数库】→【插入函数】按钮，打开【插入函数】对话框，在【搜索函数】文本框中输入"COUNTIF"，单击【转到】按钮，下方【选择函数】列表中选择"COUNTIF"，单击【确定】按钮，打开【函数参数】对话框，在【Range】文本框中填入"D2：D10"，【Criteria】文本框中填入"45＊"，单击【确定】按钮，得到生源地代码以"45"开头的考生，即广西生源考生的数量为 9。

按照领导的要求，小李完成 Sheet1 表格的填写，如图 4 - 32 所示。

	A	B	C	D	E	F	G	H	I	J	K	L
1	姓名	性别代码	性别	生源地代码	生源地名称	录取专业	出生年月	语文	数学	英语	物理	化学
2	韦佳	2	女	450125	上林县	物理学	1997/3/4	104	92	145	125	146
3	冯丹	2	女	450921	容县	物理学	1996/4/28	102	115	86	105	128
4	李紫	2	女	451081	靖西市	物理学	1996/11/25	128	82	129	92	96
5	滕浩	1	男	450721	灵山县	化工工艺	1996/10/1	132	123	101	115	147
6	覃真	2	女	450226	三江侗族自治县	化工工艺	1996/10/22	104	147	110	80	88
7	管海	1	男	450603	防城区	化工工艺	1996/10/17	121	85	92	113	101
8	黄玉	2	女	450126	宾阳县	机械电子	1997/7/1	87	107	142	119	131
9	何蓉	2	女	450304	象山区	机械电子	1997/1/20	116	113	101	95	139
10	钟金	1	男	450324	全州县	机械电子	1996/1/24	133	150	114	146	95
11	韦佳同学的总分是：			612								
12	韦佳同学的平均分是：			122								
13	数学最高分是：			150								
14	化学最低分是：			88								
15	韦佳同学化学成绩排名：			2								
16	录取学生人数：			9								
17	1997/1/1后出生人数：			3								
18	广西生源人数：			9								

图 4 - 32　表格填写完成

技巧：

➢ 函数计算结果出现#NAME?,可能是函数名输入错误。

➢ 函数计算结果出现#VALUE!,可能是函数输入错误。

➢ 函数计算结果出现#REF!,可能是函数引用错误。

➢ 在函数使用过程中,可以使用"＊"作为通配符。

➢ 熟悉函数或知道函数首字母的使用者,可以直接在单元格中录入函数。

任务4 数据管理

任务描述

小李刚参加工作,学校单位领导交给她一个 Excel 表格,里面包含 1 张工作表,要求小李按照要求完成数据排序、筛选和分类汇总的操作。

任务要求

单位发给小李的文件为"数据管理. xlsx",其中有一张名为"数据管理"的工作表,如图 4 – 33 所示。

	A	B	C	D	E	F	G	H	I	J
1	姓名	性别	录取专业	出生年月	语文	数学	英语	物理	化学	总分
2	管海	男	化工工艺	1996/10/17	121	85	92	113	101	512
3	冯丹	女	物理学	1996/4/28	102	115	86	105	128	536
4	黄玉	女	机械电子	1997/7/1	87	107	142	119	131	586
5	滕浩	男	化工工艺	1996/10/1	132	123	101	115	147	618
6	钟金	男	机械电子	1996/1/24	133	150	114	146	95	638
7	韦佳	女	物理学	1997/3/4	104	92	145	125	146	612
8	覃真	女	化工工艺	1996/10/22	104	147	110	80	88	529
9	何蓉	女	机械电子	1997/1/20	116	113	101	95	139	564
10	李紫	女	物理学	1996/11/25	128	82	129	92	96	527

图 4 – 33 数据管理工作表

要求：

(1)按照总分成绩从高到低的顺序排序；

(2)按照男女分类,总分成绩从高到低排序；

(3)筛选录取专业是化工工艺的学生信息；

(4)筛选 1997/01/01 以后出生的何姓新生信息；

(5)统计每个专业新生总分成绩的平均值；

(6)统计每个专业的总分最高值。

相关知识

(一)数据排序

数据排序可以使工作表的数据记录按照指定的顺序排列,方便对数据进行管理。Excel

的数据排序功能可以分为按列简单排序、多列复杂排序等。默认排序顺序是文字按英文字母或中文首字拼音字母进行排序;数字按从小到大排序;日期按从早到晚排序;逻辑值按FALSE 在前、TRUE 在后排序。

(二)数据筛选

数据筛选是将工作表中符合条件的记录显示出来,将不符合条件的记录暂时隐藏起来。数据筛选有自动筛选、自定义筛选等,可以按照颜色、文本、数字进行筛选。

(三)数据分类汇总

分类汇总是根据字段进行分类,将同类别的数据放在一起,再进行求和、求平均值、求最大最小值等计算,并将结果分组显示。

任务实现

将 SUM 函数值自动填充,填入"数据管理"工作表中的"总分"列,逐步完成以下任务。

(一)按照总分成绩从高到低的顺序排序

在"数据管理"工作表选中"总分"列,单击【数据】→【排序和筛选】→【排序】按钮,打开【排序提醒】对话框,【给出排序依据】选项选择【扩展选定区域】单选按钮,单击【排序】按钮,打开【排序】对话框,如图 4 – 34 所示。

图 4 – 34 【排序】对话框

【主要关键字】下拉列表中选择"总分",即选择排序依据;在【次序】下拉列表中选择"降序",即选择总分按从高到低排序;勾选【数据包含标题】复选框,单击【确定】按钮,完成总分成绩从高到低的顺序排序,如图 4 – 35 所示。

	A	B	C	D	E	F	G	H	I	J
1	姓名	性别	录取专业	出生年月	语文	数学	英语	物理	化学	总分
2	钟金	男	机械电子	1996/1/24	133	150	114	146	95	638
3	滕浩	男	化工工艺	1996/10/1	132	123	101	115	147	618
4	韦佳	女	物理学	1997/3/4	104	92	145	125	146	612
5	黄玉	女	机械电子	1997/7/1	87	107	142	119	131	586
6	何蓉	女	机械电子	1997/1/20	116	113	101	95	139	564
7	冯丹	女	物理学	1996/4/28	102	115	86	105	128	536
8	覃真	女	化工工艺	1996/10/22	104	147	110	80	88	529
9	李紫	女	物理学	1996/11/25	128	82	129	92	96	527
10	管海	男	化工工艺	1996/10/17	121	85	92	113	101	512

图 4 – 35 总分从高到低排序

(二)按照男女分类,总分成绩从高到低排序

按照要求本任务需要根据两列的值进行排序,首先根据"性别"列,其次是"总分"列。选中需要排序的区域 A1:J10,单击【数据】→【排序和筛选】→【排序】按钮,在【排序】对话框【主要关键字】下拉列表中选择"性别",【次序】下拉列表中选择"升序";单击【添加条件】按钮,在【次要关键字】下拉列表中选择"总分",【次序】下拉列表中选择"降序",单击【确定】按钮,完成按照男女分类,总分成绩从高到低排序,如图 4-36 所示。

	A	B	C	D	E	F	G	H	I	J
1	姓名	性别	录取专业	出生年月	语文	数学	英语	物理	化学	总分
2	钟金	男	机械电子	1996/1/24	133	150	114	146	95	638
3	滕浩	男	化工工艺	1996/10/1	132	123	101	115	147	618
4	管海	男	化工工艺	1996/10/17	121	85	92	113	101	512
5	韦佳	女	物理学	1997/3/4	104	92	145	125	146	612
6	黄玉	女	机械电子	1997/7/1	87	107	142	119	131	586
7	何蓉	女	机械电子	1997/1/20	116	113	101	95	139	564
8	冯丹	女	物理学	1996/4/28	102	115	86	105	128	536
9	覃真	女	化工工艺	1996/10/22	104	147	110	80	88	529
10	李紫	女	物理学	1996/11/25	128	82	129	92	96	527

图 4-36 分男女总分从高到低排序

(三)筛选录取专业是化工工艺的学生信息

选中"录取专业"列(C 列),单击【数据】→【排序和筛选】→【筛选】按钮,在"录取专业"列第一个单元格(C1)出现黑色下三角符号的筛选下拉按钮▼,单击该按钮,弹出下拉列表,复选框仅选中"化工工艺",其他选项全部取消,单击【确定】按钮,筛选出录取专业是化工工艺的学生信息,如图 4-37 所示。

	A	B	C	D	E	F	G	H	I	J
1	姓名	性别	录取专业▼	出生年月	语文	数学	英语	物理	化学	总分
3	滕浩	男	化工工艺	1996/10/1	132	123	101	115	147	618
8	覃真	女	化工工艺	1996/10/22	104	147	110	80	88	529
10	管海	男	化工工艺	1996/10/17	121	85	92	113	101	512

图 4-37 筛选化工工艺专业学生信息

(四)筛选 1997/01/01 以后出生的何姓新生信息

选中"数据管理"工作表数据区域(A1:J10),单击【数据】→【排序和筛选】→【筛选】按钮,此时每一列首行的单元格都出现筛选下拉按钮,单击"出生年月"列的下拉按钮,在下拉列表中选择【日期筛选】→【之后】选项,在弹出的【自定义自动筛选方式】对话框中按照图 4-38 所示设置筛选条件,单击【确定】按钮,此时"出生年月"列的下拉按钮变为▼,表示当前在该列定义了筛选;再单击"姓名"列的下拉按钮,在下拉列表中选择【文本筛选】→【开头是】选项,在弹出的【自定义自动筛选方式】对话框中按照图 4-39 所示设置筛选条件,单击【确定】按钮。筛选出 1997/01/01 以后出生的何姓新生信息,如图 4-40 所示。

图 4-38　出生年月筛选条件　　　　图 4-39　定义何姓筛选条件

	A	B	C	D	E	F	G	H	I	J
1	姓名	性别	录取专业	出生年月	语文	数学	英语	物理	化学	总分
6	何蓉	女	机械电子	1997/1/20	116	113	101	95	139	564

图 4-40　1997/01/01 以后出生的何姓新生信息

（五）统计每个专业新生总分平均值

进行分类汇总操作，要先把分类的列排序。本任务中先按照"录取专业"排序，结果如图 4-41 所示。选中整个数据区域（A1:J10），单击【数据】→【分级显示】→【分类汇总】按钮，弹出【分类汇总】对话框，如图 4-42 所示。按照图 4-43 所示设置条件后，单击【确定】按钮，得到每个专业新生总分平均值，统计情况如图 4-44 所示。

	A	B	C	D	E	F	G	H	I	J
1	姓名	性别	录取专业	出生年月	语文	数学	英语	物理	化学	总分
2	管海	男	化工工艺	1996/10/17	121	85	92	113	101	512
3	滕浩	男	化工工艺	1996/10/1	132	123	101	115	147	618
4	覃真	女	化工工艺	1996/10/22	104	147	110	80	88	529
5	黄玉	女	机械电子	1997/7/1	87	107	142	119	131	586
6	钟金	男	机械电子	1996/1/24	133	150	114	146	95	638
7	何蓉	女	机械电子	1997/1/20	116	113	101	95	139	564
8	冯丹	女	物理学	1996/4/28	102	115	86	105	128	536
9	韦佳	女	物理学	1997/3/4	104	92	145	125	146	612
10	李紫	女	物理学	1996/11/25	128	82	129	92	96	527

图 4-41　分类汇总前先进行排序

图 4-42　【分类汇总】对话框　　　图 4-43　分类汇总设置

	A	B	C	D	E	F	G	H	I	J
1	姓名	性别	录取专业	出生年月	语文	数学	英语	物理	化学	总分
2	管海	男	化工工艺	1996/10/17	121	85	92	113	101	512
3	滕浩	男	化工工艺	1996/10/1	132	123	101	115	147	618
4	覃真	女	化工工艺	1996/10/22	104	147	110	80	88	529
5			化工工艺 平均值							553
6	黄玉	女	机械电子	1997/7/1	87	107	142	119	131	586
7	钟金	男	机械电子	1996/1/24	133	150	114	146	95	638
8	何蓉	女	机械电子	1997/1/20	116	113	101	95	139	564
9			机械电子 平均值							596
10	冯丹	女	物理学	1996/4/28	102	115	86	105	128	536
11	韦佳	女	物理学	1997/3/4	104	92	145	125	146	612
12	李紫	女	物理学	1996/11/25	128	82	129	92	96	527
13			物理学 平均值							558.3333
14			总计平均值							569.1111

图 4 – 44 每个专业总分成绩平均分

如果要删除分类汇总,可以单击【数据】→【分级显示】→【分类汇总】按钮,在【分类汇总】对话框中单击【全部删除】按钮,即可删除之前设置好的分类汇总。

(六)统计每个专业的总分最大值

选中"数据管理"工作表数据区域(A1:J10),对"录取专业"列排序。再次选中 A1:J10,单击【数据】→【分级显示】组中的【分类汇总】按钮,弹出【分类汇总】对话框,【分类字段】选择"录取专业",【汇总方式】选择"最大值",【选定汇总项】选择"总分",单击【确定】按钮,得到每个专业的总分最大值,如图 4 – 45 所示。

	A	B	C	D	E	F	G	H	I	J
1	姓名	性别	录取专业	出生年月	语文	数学	英语	物理	化学	总分
2	管海	男	化工工艺	1996/10/17	121	85	92	113	101	512
3	滕浩	男	化工工艺	1996/10/1	132	123	101	115	147	618
4	覃真	女	化工工艺	1996/10/22	104	147	110	80	88	529
5			化工工艺 最大值							618
6	黄玉	女	机械电子	1997/7/1	87	107	142	119	131	586
7	钟金	男	机械电子	1996/1/24	133	150	114	146	95	638
8	何蓉	女	机械电子	1997/1/20	116	113	101	95	139	564
9			机械电子 最大值							638
10	冯丹	女	物理学	1996/4/28	102	115	86	105	128	536
11	韦佳	女	物理学	1997/3/4	104	92	145	125	146	612
12	李紫	女	物理学	1996/11/25	128	82	129	92	96	527
13			物理学 最大值							612
14			总计最大值							638

图 4 – 45 每个专业总分成绩最高值

技巧:

➢ 进行排序、筛选、分类汇总时,应该先选中要排序、筛选、分类汇总的数据区域。

➢ 如果工作表的数据有表头,【排序】对话框的【数据包含标题】选项要勾选。

➢ 排序、筛选、分类汇总可以交叉进行。

任务5 使用图表

任务描述

单位领导给小李一个 Excel 文件,里面包含一张工作表,内容包含某市公安局各分县局全年的发案情况等,要求小李将发案数据以图表的形式直观地展示出来。

任务要求

单位领导发给小李的文件为"发案情况.xlsx",里面有一张名为"发案数据"的工作表,如图4-46所示。

	A	B	C	D	E	F
1	各县分局发案数（单位:起）					
2	产品	1季度	2季度	3季度	4季度	全年
3	城南区	1158	1002	978	1287	4425
4	城中区	304	579	522	201	1606
5	城北区	189	233	306	430	1158
6	五塘县	335	310	301	297	1243
7	合计	1986	2124	2107	2215	8432

图4-46 发案数据工作表

现需要小李根据发案数据,制作出"各县分局发案数情况"和"发案数占比情况(全年)"两张图表,如图4-47和图4-48所示,插入"发案数据"工作表数据区域下方。

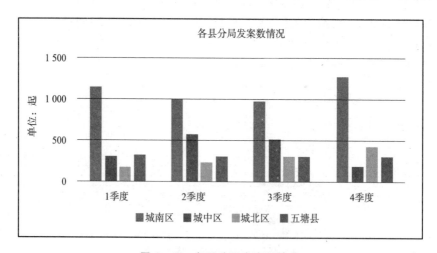

图4-47 各县分局发案数情况

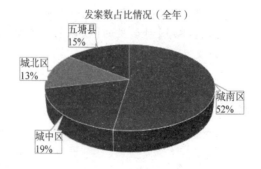

图4-48 发案数占比情况(全年)

相关知识

（一）Excel 图表介绍

Excel 图表包括 14 种标准图表类型和 20 种内置自定义图表类型,其中每一种标准图表类型还包括 2 ~7 种子图表类型。常用的标准图表类型包括:柱形图、饼图、折线图等。

其中:

柱形图适合用于显示一段时间内数据的变化,或数据之间的对比;

饼图适合用于显示一个数据系列中各项的大小与总和的比例关系;

折线图适合用于显示某段时间内数据的变化及变化趋势。

（二）图表组成

在 Excel 中,图表主要由标题、坐标轴、坐标轴标题、图例和数据等部分组成。各部分如图 4 –49 所示。

（1）图表标题:是图表的名称。

（2）坐标轴:坐标轴分为水平坐标轴、垂直坐标轴。

（3）坐标轴标题:表明坐标轴上数据的含义。

（4）图例:表明不同颜色的图形所代表的数据系列。

（5）数据标签:一个数据标签对应一个单元格的数据。

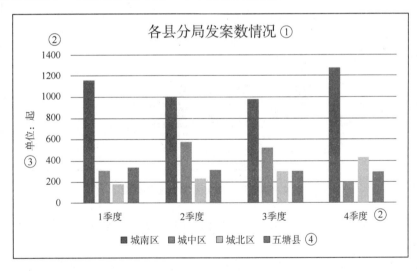

图 4 –49 图表组成

（三）图表编辑

单击图表空白处,图表右上方会出现【图表元素】图标、【图表样式】图标和【图表筛选器】图标。

（1）单击【图表元素】图标,可以增加、删除或更改标题、图例、网格线等图表元素。

（2）单击【图表样式】图标，可以设置图表的样式和配色方案。

（3）单击【图表筛选器】图标，可以编辑图表显示的数据点和名称。

任务实现

（一）插入"各县分局发案数情况"图表

在"发案数据"工作表选中数据区域 A2：E6，选择【插入】→【图表】→【插入柱形图】→【二维柱形图】→【簇状柱形图】选项，主要步骤如图 4 - 50 所示。

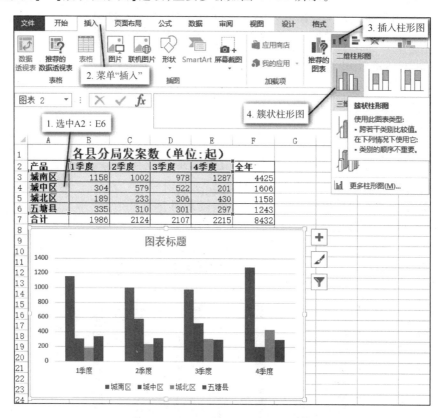

图 4 - 50　插入簇状柱形图主要步骤

（1）修改图表标题：单击图表的"图表标题"，即可进行编辑，修改为"各县分局发案数情况"。

（2）增加坐标轴标题：单击图表右上角的"＋"按钮，选中【图表元素】→【坐标轴标题】→【主要纵坐标轴】复选框，添加纵坐标轴标题文本框，将文本框内文字修改为"单位：起"。完成图 4 - 47 所示的"各县分局发案数情况"图表插入。

（二）插入"案发数占比情况（全年）"图表

按住【Ctrl】键，同时选中 A2：A6 和 F2：F6 两个数据区域，选择【插入】→【图表】→【插入饼图或环形图】→【饼图】选项，生成饼图，如图 4 - 51 所示。

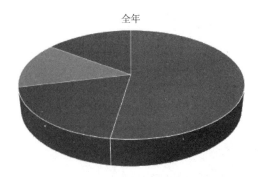

图 4 - 51　自动生成饼图

(1)修改图表标题:将图表标题修改为"发案数占比情况(全年)"。

(2)修改图表元素:单击图表右上角的"＋"按钮,选择【图表元素】→【数据标签】→【数据标注】选项。单击图表上的图例选中,右击,在快捷菜单中选择【删除】命令可以将图例删除。完成如图 4 - 48 所示的"发案数占比情况(全年)"图表插入。

技巧:

➢【Ctrl】键配合鼠标使用,可以为图表选择不连续的数据区域;

➢图表上的标题可以删除、修改,图例可以删除或保留部分;

➢选中图表,可以在菜单栏为图表选择不同的样式,使图表更美观。

项目五

使用 PowerPoint 2013 制作演示文稿

项目引言

Microsoft Office PowerPoint，是微软公司的演示文稿软件，PPT 就是 Power Point 的简称。用户可以在投影仪或者计算机上进行演示，也可以将演示文稿打印出来，制作成胶片，以便应用到更广泛的领域中。利用 Microsoft Office PowerPoint 不仅可以创建演示文稿，还可以在互联网上召开面对面会议、远程会议或在网上给观众展示演示文稿。本项目将通过一个典型任务，介绍制作 PPT 的基本操作。

学习目标

- 熟悉 PowerPoint 2013 的工作环境。
- 能够熟练使用 PowerPoint 2013 制作演示文稿。

关键知识点

- 幻灯片的制作。
- 演示文稿样式的设计。
- 幻灯片动画效果的设计。
- 演示文稿的放映。

任务 1　创建演示文稿

任务描述

张海刚毕业就到了一家公司的市场部工作，部门经理要求他做一份展示公司产品的文档,方便在一些会议场合让客户了解公司产品。张海认为既然该文档是在会议上展示公司企业产品,利用 PowerPoint 做成演示文稿再合适不过了。张海决定先做个简单的展示内容的演示文稿交给经理审查。

任务要求

(1)启动 PowerPoint 2013,新建一个"空白"的演示文档,然后以"公司产品介绍. pptx"为名保存在本地计算机桌面上。

(2)在标题幻灯片中输入演示文稿的标题和副标题。

(3)新建 1 张幻灯片,作为整个演示文档的目录。

(4)新建 8 张"标题和内容"版式的幻灯片,在占位符中输入相应的文本。

(5)复制第一张幻灯片到最后,修改主标题和副标题文本内容。

相关知识

(一)熟悉演示文稿运行环境

运行 PowerPoint 2013 程序,可以通过以下几种方式实现:

(1)选择【开始】→【所有程序】→【Microsoft Office 2013】→【PowerPoint 2013】命令。

(2)如果桌面有 PowerPoint 2013 快捷方式,可直接双击图标 。

(3)双击计算机磁盘中保存的 PowerPoint 2013 演示文稿(. pptx 或. ppt)。

即可启动程序,进入 PowerPoint 2013 引导界面,如图 5 - 1 所示。

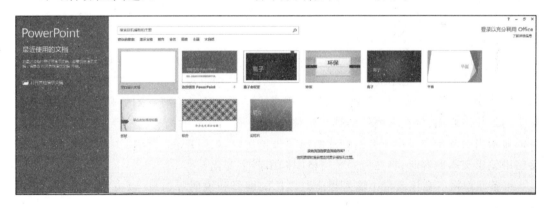

图 5 - 1　PowerPoint 2013 引导界面

从图中看出开始编辑演示文稿可以从几方面入手:

(1)在"最近使用的文档"区域,会显示以前编辑并保存过演示文稿的记录,直接单击可打开该演示文稿。

(2)选择"打开其他演示文稿",从而可以打开已经存在的演示文稿。

(3)可以在搜索框搜索出相应主题内容的演示文稿模板,进行编辑。

(4)选择"空白演示文稿",可以自动生成一个名为"演示文稿 1"的空白演示文稿进行编辑。

（二）了解 PowerPoint 2013 工作界面

1. 了解演示文稿工作界面

单击"空白演示文稿"，进入"演示文稿 1"的工作界面，如图 5 - 2 所示。

图 5 - 2　PowerPoint 2013 工作界面

从图中可以看出 PowerPoint 2013 工作界面与 Microsoft Office 其他软件的工作界面基本类似。其中，"快速访问"工具栏、标题栏、选项卡和功能区等结构及作用基本相同（功能区和选项卡会因为软件的不同而不同），下面对 PowerPoint 2013 特有部分的作用进行介绍。

● 幻灯片窗格。幻灯片窗格位于演示文稿编辑区的右侧，用于显示和编辑幻灯片的内容，其功能与 Word 的文档编辑区类似。

● "幻灯片/大纲"浏览窗格。"幻灯片/大纲"浏览窗格位于演示文稿编辑区的左侧，其上方有两个选项卡，单击不同的选项卡，可在"幻灯片"浏览窗格和"大纲"浏览窗格两个窗格之间切换。其中在"幻灯片"浏览窗格中将显示当前演示文稿所有幻灯片的缩略图，单击某个幻灯片缩略图，将在右侧的幻灯片窗格中显示该幻灯片的内容；在"大纲"浏览窗格中可以显示当前演示文稿中所有幻灯片的标题与正文内容，用户在"大纲"浏览窗格或幻灯片窗格中编辑文本内容时，将在另一个窗格中同步产生变化。

● 备注窗格。在该窗格中输入当前幻灯片的解释和说明等信息，以方便演讲者在正式演讲时参考。

● 状态栏。状态栏位于工作界面的下方，它主要由状态提示栏，视图切换按钮和显示比例栏组成。其中，状态提示栏是用于显示幻灯片的数量、序列信息，以及当前演示文稿使用的主题，视图切换按钮用于在演示文稿的不同视图之间进行切换，单击相应的视图切换投钮即可切换到对应视图中，从左到右依次是【普通视图】按钮、【幻灯片浏览】按钮、【阅读视图】按钮、【幻灯片放映】按钮；显示比例栏用于设置幻灯片窗格中幻灯片的显示比例，单击【 - 】按钮或【 + 】按钮、将以 10% 的比例缩小或放大幻灯片，拖动两个按钮之间的图标，将适时放大或缩小幻灯片，单击右侧的按钮，将根据当前幻灯片窗格的大小显示幻灯片。

2. 认识演示文稿与幻灯片

演示文稿和幻灯片是相辅相成的两个部分,演示文稿由右侧幻灯片组成,两者是包含与被包含的关系,每张幻灯片又有自己独立表达的主题,是构成演示文稿的每一页。

演示文稿由"演示"和"文稿"两个词语组成,这说明它是用于演示某种效果而制作的文档,主要用于会议、产品展示和教学课件等领域。

(三)认识 PowerPoint 视图

PowerPoint 2013 提供了 5 种视图模式:普通视图、幻灯片浏览视图、幻灯片放映视图、备注页视图、阅读视图,在工作界面下方的状态栏中单击相应的视图切换按钮,或在【视图】→【演示文稿视图】组中单击相应的视图切换按钮都可进行切换。各种视图的功能介绍分别如下。

● 普通视图。单击该按钮可切换至普通视图,此视图模式下可对幻灯片整体结构和单张幻灯片进行编辑,这种视图模式也是 PowerPoint 默认的视图模式。

● 幻灯片浏览视图。单击该按钮可切换至幻灯片浏览视图,在该视图模式下不能对幻灯片进行编辑,但可同时预览多张幻灯片中的内容。

● 幻灯片放映视图。单击该按钮可切换至幻灯片放映视图,此时幻灯片将按设定的效果放映。

● 阅读视图。单击该按钮可切换至阅读视图,在阅读视图中可以查看演示文稿的放映效果,预览演示设置的动画和声音,并观察每张幻灯片的切换效果,它将以全屏动态方式显示每张幻灯片的效果。

● 备注页视图。备注页视图是将备注窗格以整页格式进行显示,制作者可以方便地在其中编辑备注内容。

(四)演示文稿的基本操作

运行 PowerPoint 2013 后,根据实际需要,就可以对演示文稿文件进行操作。

1. 新建演示文稿

运行 PowerPoint 2013 后,在第一个界面就可以根据实际需要单击选择演示文稿的新建方式,其中包括:【空白演示文稿】和【样本模板】。

在 PowerPoint 2013 工作界面中,选择【文件】→【新建】命令,将在工作界面右侧显示类似运行 PowerPoint 2013 后出现的第一个界面。如图 5 - 3 所示。

2. 打开演示文稿

当需要对已有的演示文稿进行操作的时候,需要打开此文档。打开演示文稿的操作可以有两种方式:第一种,可直接双击文稿,或者在右键菜单中选择【打开】命令,打开当前演示文稿;第二种,在启动 PowerPoint 2013 后,选择【文件】→【打开】命令,或者按【Ctrl + O】组合键,进入以下 3 种情形下打开演示文稿。

(1)"最近使用的演示文稿",PowerPoint 2013 提供了记录最近打开演示文稿保存路径的功能,在此命令下可以找到最近所打开的文档(显示文档的数量可以选择【文件】→【选项】命令,打开【PowerPoint 选项】对话框,在【高级】选项卡的【显示】栏中进行设置,默认值

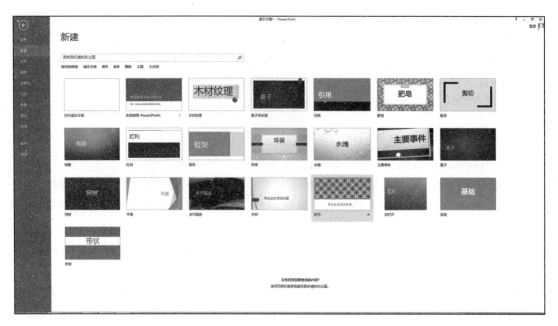

图 5 - 3　新建演示文稿界面

"25"),选择并可单击打开。

(2)"OneDrive",使用 OneDrive 可以从任何位置访问文件并与任何人共享(需要计算机联网)。

(3)"计算机",通过此命令进入本地存储文档的选择,单击【浏览】按钮,打开【打开】对话框,在其中选择打开需要打开的演示文档。

3. 保存演示文稿

对制作好的演示文稿应当及时保存在本地计算机中,保存的方式有以下几种。

(1)直接保存演示文稿。直接保存演示文稿是最常用的保存方法,操作步骤:选择【文件】→【保存】命令,或者直接单击快速访问栏中的【保存】按钮,对现在编辑的文档将会保存在原有保存路径下的文件当中。如果是从未保存过的新建演示文稿,单击【保存】按钮后,需要进行【另存为】的操作。

(2)"另存为"演示文稿。对已经保存过的演示文稿需要以不同的文件名、不同的文件类型、不同的保存路径保存的,需要对此文稿进行另存为操作,操作步骤:单击【文件】→【另存为】→【浏览】按钮,打开【另存为】对话框,选择保存的路径,根据需要修改文件名或文件类型,单击【保存】按钮完成保存。

4. 关闭演示文稿

对于不需要操作的演示文稿可以通过以下方式进行关闭。

(1)通过【关闭】命令关闭。选择【文件】→【关闭】命令,关闭当前演示文稿,保留运行 PowerPoint 2013 程序。

(2)通过单击当前窗口右上角的【关闭】按钮或者按【Ctrl + F4】组合键,关闭当前演示文稿,并退出当前 PowerPoint 2013 程序(同时打开的演示文档不受影响)。

(五)幻灯片的基本操作

幻灯片是演示文稿的重要组成部分,一个演示文稿可以由一张或者多张幻灯片组成,所以对幻灯片的操作和编辑是演示文稿最重要的操作。

1. 新建幻灯片

创建的空白演示文稿默认只有一张幻灯片,如果用户需要多张幻灯片显示内容的话,需要增加新的幻灯片。用户可以根据需要在演示文稿的任意位置新建幻灯片。常用的新建幻灯片的方法有如下 3 种。

(1)通过快捷键新建。在工作界面左侧"幻灯片"浏览窗格中,鼠标左键选择适当的位置,按一次键盘上的【Enter】键创建一张同一版式的幻灯片。

(2)通过快捷菜单新建。在工作界面左侧"幻灯片"浏览窗格中,右击,在弹出的快捷菜单中选择【新建幻灯片】命令,可以创建同一版式的幻灯片。

(3)通过选项卡新建。在【开始】或者【插入】选项卡的【幻灯片】组中单击【新建幻灯片】按钮,可以根据需要创建不同版式的幻灯片。

2. 选择幻灯片

对于幻灯片的操作,需要先选择幻灯片。根据实际需要,可以同时选择一张或者多张幻灯片,常用的方法主要有以下几种。

(1)选择单张幻灯片。在"幻灯片/大纲"浏览窗格中或者在"幻灯片浏览"视图中单击一张幻灯片,可以选择该张幻灯片。

(2)全部选择幻灯片。在"幻灯片/大纲"浏览窗格中或者在"幻灯片浏览"视图中,按下【Ctrl + A】组合键或者在【开始】→【编辑】→【选择】→【全选】中,可以选择当前演示文档中所有幻灯片。

(3)选择相邻多张幻灯片。在"幻灯片/大纲"浏览窗格中或者在"幻灯片浏览"视图中,单击选择第一张幻灯片后,按住【Shift】键再单击最后要选择的幻灯片,就可以选择两张幻灯片之间的所有幻灯片。

(4)选择不相邻的多张幻灯片。在"幻灯片/大纲"浏览窗格中或者在"幻灯片浏览"视图中,单击选择第一张幻灯片后,按住【Ctrl】键依次分别选择需要选择的幻灯片(如在同一幻灯片下按鼠标左键 2 次,将取消该幻灯片的选择)。

3. 移动和复制幻灯片

在演示文稿的"幻灯片/大纲"浏览窗格中或者在"幻灯片浏览"视图中,每张幻灯片的左上角都有按顺序编排的编号。在制作过程中,根据实际需要可能要对幻灯片的顺序进行调整,或者对已经存在的幻灯片进行复制的操作,常用的移动和复制幻灯片可通过下面的方法实现。

(1)通过鼠标完成移动和复制。选择需要移动的幻灯片,按住左键不放拖动到目标位置,完成移动的操作。如果需要复制,只需在移动的同时按住【Ctrl】键,拖动到目标位置后完成复制操作。

(2)通过命令完成移动和复制。选择需要操作的幻灯片,如果单击【开始】→【剪贴板】组中的【剪切】按钮(或按【Ctrl + X】组合键),在目标位置单击【粘贴】按钮(或按【Ctrl + V】

组合键)可实现移动操作。如果单击【开始】→【剪贴板】组中的【复制】按钮(或按【Ctrl +
C】组合键),在目标位置单击【粘贴】按钮(或按【Ctrl + V】组合键)可实现复制操作。或者
右击选中的幻灯片,如果在弹出的快捷菜单中选择【剪切】命令,然后在目标位置选择右键
快捷菜单中的【粘贴】命令,可实现移动操作;如果在弹出的快捷菜单中选择【复制幻灯片】
命令,然后在目标位置选择右键快捷菜单中的【粘贴】命令,可实现复制操作。

4. 删除幻灯片

对于不需要的幻灯片可以实现删除操作,只需要在演示文稿的"幻灯片/大纲"
浏览窗格中或者在"幻灯片浏览"视图中,选中需要删除的幻灯片,按【Delete】键或
者右击,在弹出的快捷菜单中选择【删除幻灯片】命令,完成删除操作。

任务实现

(一)新建并保存演示文稿

张海需要新建一个演示文稿,然后以"公司产品介绍. pptx"为名保存在 E 盘根目录下。
具体操作步骤如下:

(1)选择【开始】→【所有程序】→【Microsoft Office 2013】→【PowerPoint 2013】命令,启
动 PowerPoint 2013。

(2)选择【空白演示文稿】,新建一个空白的演示文稿,如图 5 - 4 所示。

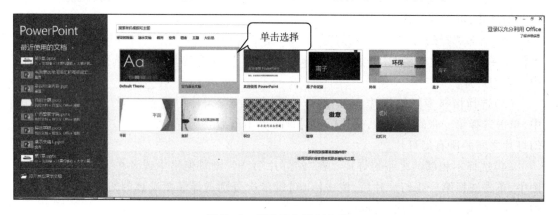

图 5 - 4　新建空白演示文稿

(3)对该文稿进行保存操作:选择【文件】→【保存】命令,在弹出的【另存为】界面中单
击【浏览】按钮,打开【另存为】对话框。在左侧窗格中选择【桌面】,在下侧【文件名】文本框
中输入"公司产品介绍",保存类型不变,单击【保存】按钮,完成操作。如图 5 - 5 所示。

(二)新建幻灯片并输入文本

(1)当演示文档建立后,会默认新建一张标题幻灯片。在"单击此处添加标题"占位符
中单击,其中原文字消失,切换中文输入法输入"××饮用山泉水"。在副标题占位符中单
击,输入"××有限责任公司",如图 5 - 6 所示。

图 5 - 5 文稿保存界面

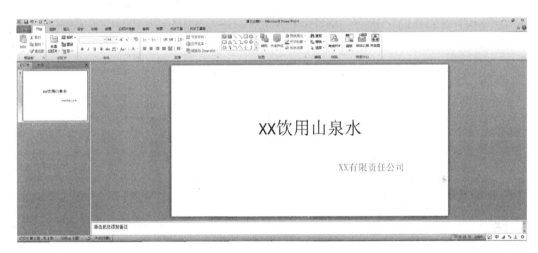

图 5 - 6 标题幻灯片内容修改

（2）在"幻灯片"浏览窗格中将光标定位到第一张幻灯片后面,在【开始】或者【插入】选项卡的【幻灯片】组中单击【新建幻灯片】按钮,创建出一张"标题和文本"幻灯片。单击选择标题占位符,按【Delete】键,删除标题占位符。单击文本占位符边框,调整占位符大小,输入相应的目录内容。如图 5 - 7 所示。

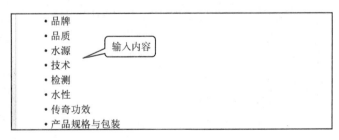

图 5 - 7 幻灯片文本输入

（3）依次新建 8 张幻灯片，分别输入相应的文本内容，如图 5 - 8 所示。

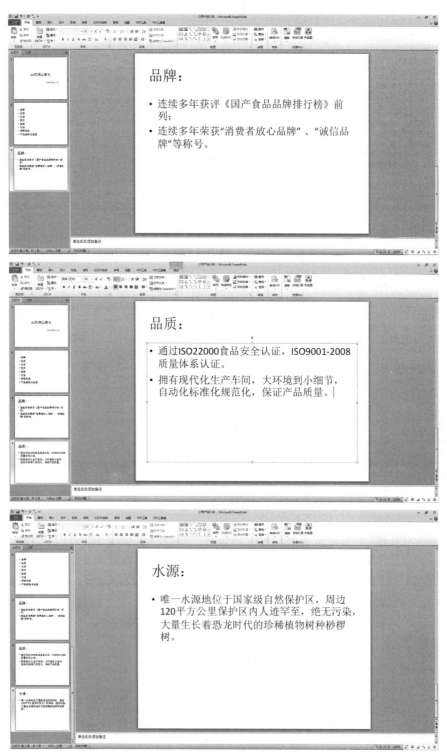

图 5 - 8　多张幻灯片文本输入

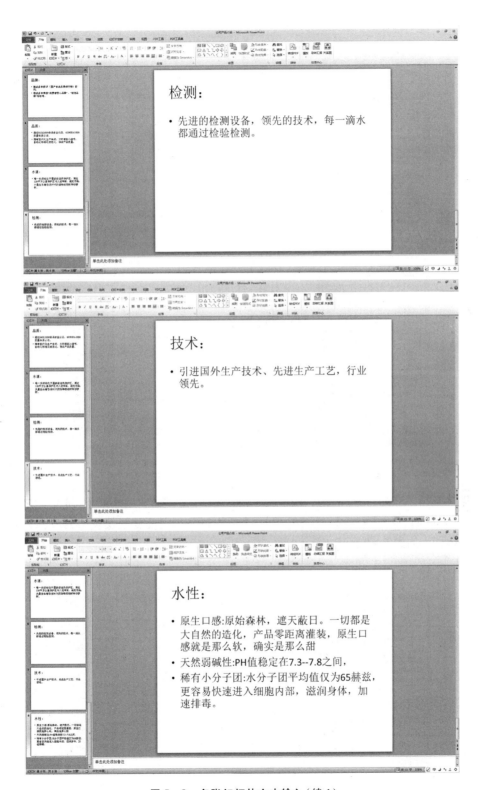

图 5-8　多张幻灯片文本输入（续 1）

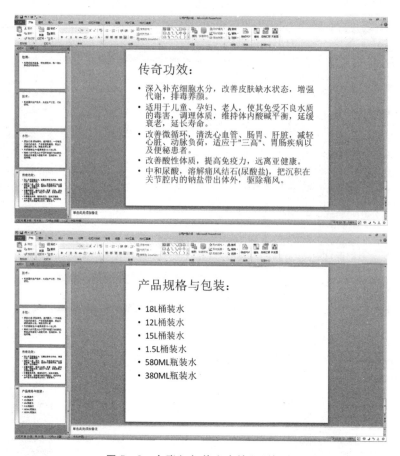

图 5-8　多张幻灯片文本输入（续 2）

（4）选择第一张幻灯片，右击，在快捷菜单中选择【复制幻灯片】命令，将光标定位在第
10 张幻灯片后面，单击【开始】→【剪贴板】→【粘贴】按钮，完成复制操作。修改主标题和副
标题文本内容，如图 5-9 所示。

图 5-9　幻灯片复制后内容修改

（5）单击"快速访问"工具栏中的【保存】按钮，完成文稿的保存。

任务2　设计演示文稿

任务描述

张海将做好的"公司产品介绍.pptx"交给部门经理，部门经理对文稿中的内容表示满意，但是认为演示文稿过于简单，缺少各种样式设计，缺乏吸引力。张海利用 PPT 的功能，根据要求，对文档样式做了修改。

任务要求

（1）选择"平面"主题，应用到所有幻灯片上。

（2）在母版视图下，修改"标题和内容"版式（第2～10张幻灯片），在该版式幻灯片上添加页脚，输入文本"××有限责任公司"，靠右显示，如图5－10所示。

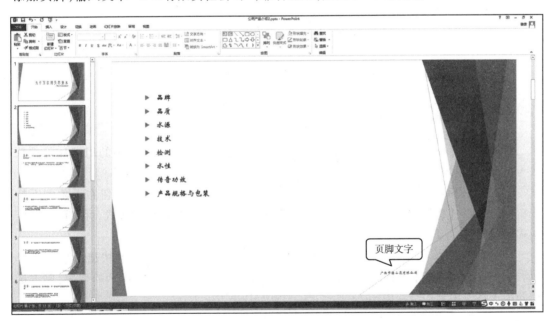

图 5 – 10　效果图

（3）保存演示文稿。

相关知识

（一）认识幻灯片版式

幻灯片版式是 Power Point 软件中一种常规的排版格式，通过幻灯片版式的应用可以对文字、图片等更加合理、简洁地进行布局。PowerPoint 2013 提供了 11 种版式(如图5-11所示),利用这些版式我们可以轻松地完成幻灯片的制作。

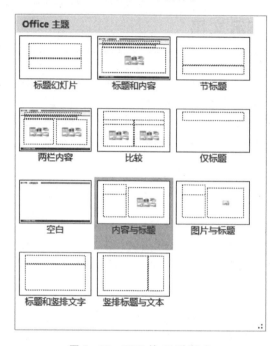

图 5-11　PPT 的 11 种版式

(二)设计和更改幻灯片版式

新建演示文稿的第一张幻灯片的版式默认为"标题幻灯片",其后添加的幻灯片版式默认为"标题和内容"。如果需要更改幻灯片的版式可以通过以下方法实现:

(1)新建幻灯片的版式。单击【开始】→【幻灯片】→【新建幻灯片】按钮右下角的下拉按钮,在打开的【Office 主题】下拉列表(如图 5-11 所示)中选择需要的版式,可以创建对应版式的幻灯片。

(2)将现存的幻灯片更改版式。在选择需要更改的幻灯片后,在右键快捷菜单中选择【版式】命令或者单击【开始】→【幻灯片】→【版式】按钮,弹出图 5-11 所示的列表,单击选择的版式将应用到幻灯片中。

(三)使用幻灯片母版

幻灯片母版,是存储有关应用的设计模板信息的幻灯片,包括字形、占位符大小或位置、背景设计和配色方案。可以在幻灯片中插入图形、文字、标记,它将显示在所有的幻灯片上。幻灯片母版在方便用户制作演示文稿的同时,也是个性化设计的一种方式。

在"幻灯片母版"视图模式下,用户可以对幻灯片母版进行添加、删除和复制等操作,同时可以对存在的幻灯片母版进行重命名操作,下面介绍 PowerPoint 2013 中管理幻灯片母版的具体操作方法。

（1）启动 PowerPoint 2013 并打开演示文稿，单击【视图】→【母版视图】组中的【幻灯片母版】按钮，进入【幻灯片母版】视图。单击【幻灯片母版】→【编辑母版】→【插入幻灯片母版】按钮，为幻灯片添加一个幻灯片母版，该母版由 1 个主题母版和 11 个版式母版构成，如图 5-12 所示。

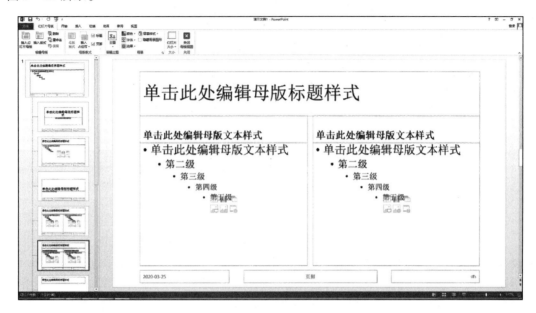

图 5-12 母版视图

技巧：

在选择一个幻灯片的版式母版后，按【Enter】键即可在该母版后面添加一个与其版式一样的版式母版。在【幻灯片母版】选项卡中单击【编辑母版】组中的【插入版式】按钮，同样可以在选择母版后添加一个相同版式的母版。

（2）选择需要命名的母版幻灯片，单击【幻灯片母版】→【编辑母版】→【重命名】按钮打开【重命名版式】对话框，在【版式名称】文本框中输入名称后单击【重命名】按钮即可实现重命名操作，如图 5-13 所示。

（3）选择幻灯片母版后，单击【幻灯片母版】→【编辑母版】组中的【删除】按钮，或者右击，选择快捷菜单中的【删除版式】命令，能够将选择的母版删除。

图 5-13 重命名

（4）在"幻灯片母版"视图中，可以在幻灯片上进行插入图片、文字、图形、声音等操作，也可以设置各元素部分的样式，母版上的操作和设置将作用到所有对应版式的幻灯片上。

（5）完成母版的设置和创建后，单击【幻灯片母版】→【关闭】→【关闭母版视图】按钮，退出幻灯片母版视图模式，回到普通视图模式。

（四）设置页面、主题及背景

1. 设置页面

为了使演示文稿中的幻灯片得到更好的显示效果，根据实际出发，用户可以设置幻灯片大小。单击【设计】→【自定义】→【幻灯片大小】按钮,弹出的下拉列表的默认选项是【宽屏(16:9)】,也可以选择【自定义幻灯片大小】命令,打开【幻灯片大小】对话框,可以进行更具体的设置,如图5-14所示。

图5-14　幻灯片大小设置

2. 设置主题

为了方便用户制作演示文稿,PowerPoint 2013软件默认在【设计】选项卡中内置了27种类似于母版设计出来的彩色样式,如图5-15所示。这些内置主题适合于宽屏(16:9)和标准屏(4:3)演示文稿。

图5-15　幻灯片主题

用户可通过选择【主题】组中的最后一个主题右侧的下拉按钮,浏览所有的内置主题,如图5-16所示。选择【主题】组中的其中一个主题,在【变体】组中可以选择和设置这一主题不同颜色的样式。单击选择主题或者右击,在快捷菜单中选择【应用于所有幻灯片】命令,可以应用在当前演示文稿所有的幻灯片中。在快捷菜单中选择【应用于选定幻灯片】,可以应用在当前选择的幻灯片中(一张或者多张)。

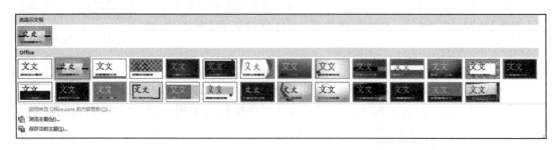

图5-16　所有内置主题

3. 设置背景。

用户可以对当前文稿所有的幻灯片进行背景格式设置。单击【设计】→【自定义】→

【设置背景格式】按钮。在弹出的【设置背景格式】面板中设置填充颜色,设置完后单击【全部应用】按钮就可以应用到幻灯片中。如果需要重新设置,在【设置背景格式】面板中单击【重置背景】按钮即可。

(五)认识模板文件

前面介绍的"主题"就是模版,为了方便用户编辑,用户可以在进入 PowerPoint 2013 引导界面的搜索框中输入相应的关键字,通过互联网找到更多合适的"主题"(模版)。有时微软提供的模版并不能满足用户的需要,特别是在需要将个性化的标识、图片、文字做成演示文稿的主题时,用户可以通过幻灯片母版的方式自定义模版。具体操作步骤如下。

(1)新建演示文稿,选择【空白演示文稿】(或者其他主题),单击【视图】→【母版视图】→【幻灯片母版】按钮,进入幻灯片母版视图。

(2)编辑和修改幻灯片母版中的幻灯片的版式和样式,完成后,单击【幻灯片母版】→【关闭】→【关闭母版视图】按钮进入普通视图。

(3)保存模版文件。单击【文件】→【另存为】→【浏览】按钮。在打开的【另存为】对话框中,【保存类型】选择"PowerPoint 模版(∗.potx)"或者"PowerPoint 97—2003 模版(∗.pot)",在【文件名】文本框中输入可与其他模版区分的文件名,保存文件夹位置默认,单击【保存】按钮。如图 5 - 17 所示。

图 5 - 17　另存为模版文件

(4)自定义模版的应用。在【设计】→【主题】组的下拉列表框中选择【浏览主题】命令,打开【选择主题或主题文档】对话框,如图 5 - 18 所示,选择自定义的模版文件,单击【应用】按钮,则可将其作为主题应用到当前演示文稿。

任务实现

(1)打开"公司产品介绍.pptx"演示文稿,选择【设计】→【主题】组中的【平面】主题,右击,在快捷菜单中选择【应用于所有幻灯片】命令,该主题将会应用到所有幻灯片中。如图 5 – 19所示。

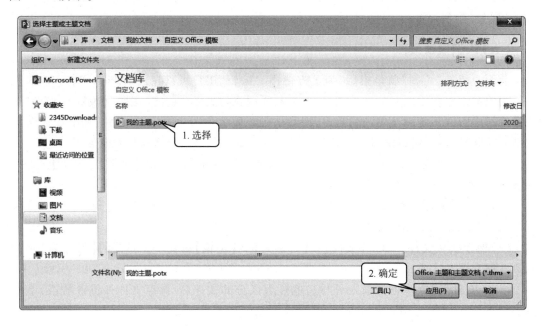

图 5 – 18　自定义模版应用

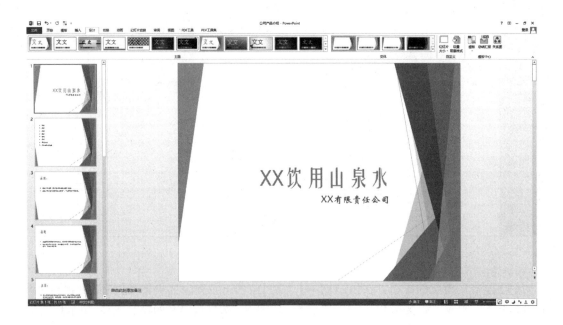

图 5 – 19　主题选择

(2)单击【视图】→【母版视图】→【幻灯片母版】按钮,进入幻灯片母版进行编辑。如图 5 – 20所示。

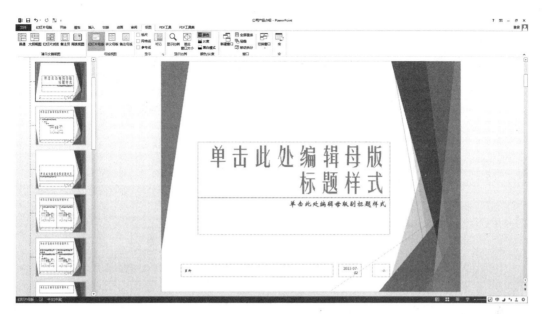

图 5 – 20　进入母版视图

（3）在幻灯片浏览框中，选择第二张"标题和内容版式"，在右边幻灯片编辑栏中删除页脚部分的日期和占位符。拉伸页脚文本占位符，输入"××有限责任公司"，如图 5 – 21 所示。然后选择【开始】→【段落】→【右对齐】命令。

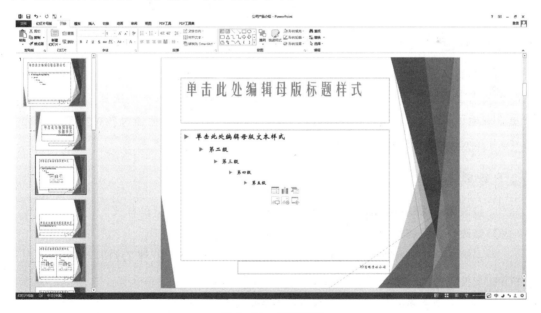

图 5 – 21　母版视图

（4）单击【插入】→【文本】→【页眉和页脚】按钮，选中【页脚】复选框，单击【应用】按钮完成设置，单击【幻灯片母版】→【关闭】→【关闭母版视图】按钮，如图 5 – 22 所示。

图 5-22　页眉页脚设置

（5）保存设置。单击"快速访问"工具栏中的"保存"按钮，完成文稿的保存。

任务3　编辑演示文稿

任务描述

张海将修改了版式的演示文稿交给经理，经理对张海做的演示文稿的版式表示认可，同时也提出了一些个人的看法：纯文字的描述过于呆板，应当加入一些图片，这样可以使客户更直观地了解产品。张海对经理的看法也表示认同，于是积极地通过各种渠道查找相关图片，对演示文稿又做了进一步的修改。

任务要求

（1）修改第一张幻灯片的副标题，使用艺术字"第2排第2列"的样式。

（2）修改第二张幻灯片内的字体大小，将字体大小设置为"28"。

（3）在第3张幻灯片插入图片"jqwsb. jpg"，在第5、6、7、8、10张幻灯片依次插入图片"sy. jpg"" jqwjc. jpg"" jqwjs. jpg"" sx. jpg"" cplx. jpg"。

（4）对第2、5、8张幻灯片的图片设置图片样式"柔化边缘椭圆"。

（5）对第10张幻灯片的图片设置图片样式"棱台形椭圆、黑色"。

相关知识

（一）输入和编辑文本

1. 在占位符中输入文本

当新建幻灯片后，根据当前选择幻灯片的版式，在幻灯片上会给出一些方框，如图 5 - 23 所示，这两个方框称为占位符。占位符起到了文本输入向导的作用，用户可以通过单击占位符添加文字。文字的格式修改可以在【开始】选项卡的【字体】和【段落】组中选择相应的命令实现。

图 5 - 23　新建幻灯片

2. 在文本框中输入文本

在幻灯片编辑过程中，用户如果对占位符的设计不满意，可以通过插入文本框的方式输入文本。具体操作方法：单击【插入】→【文本】组中的【文本框】命令，可以插入【横排文本框】（文本文字横向显示）和【竖排文本框】（文本文字纵向显示）。单击【横排文本框】或【竖排文本框】，按住鼠标左键拖放，可以在幻灯片上画出对应的文本框。在文本框中可以通过键盘或者其他输入方式输入文本。

3. 删除文本

选择需要删除的文字内容，按【Backspace】或【Delete】键，可以直接删除文本，同样操作也可以删除占位符或文本框等对象。

4. 移动文本

对于需要移动的文本，可以通过以下两个方法实现：

（1）通过命令按钮实现移动。选中文本内容，单击【开始】→【剪切板】→【剪切】按钮，在目标位置单击【开始】→【剪切板】→【粘贴】按钮（可以选择粘贴的方式），即可实现文本移动。

（2）通过鼠标拖放实现移动。选中文本内容，按住鼠标左键不放，拖动到目标位置放开，即可实现移动操作。

5．复制文本

对于需要复制的文本，可以通过以下两个方法实现：

（1）通过命令按钮实现移动。选中文本内容，单击【开始】→【剪切板】→【复制】命令，在目标位置单击【开始】→【剪切板】→【粘贴】命令，即可实现文本复制。

（2）通过鼠标操作实现复制。选中文本内容，按住鼠标左键不放，同时按住【Ctrl】键拖动到目标位置放开，即可实现复制操作。

（二）插入图片对象

在制作演示文稿过程中，需要插入图片及修改修饰图片，以达到美化文稿的目的。

1．插入图片常用的方法有以下几种：

（1）通过占位符插入图片。在一些内容占位符中有图 5－24 所示的六个选项。选择右下角的"图片"选项，可以打开【插入图片】对话框，如图 5－25 所示。选择需要插入的图片，单击【插入】按钮，即可完成图片的插入。

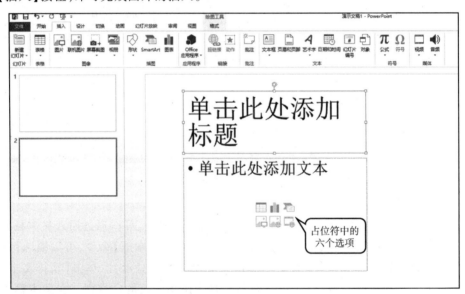

图 5－24　占位符

（2）通过【插入】选项卡中的命令插入图片。单击【插入】→【图像】→【图片】按钮，打开【插入图片】对话框。对话框插入方法同上。

（3）通过复制插入图片。选择需要插入文稿的图片，通过文件复制的方式将该图片粘贴到目标幻灯片的位置。或者直接按住鼠标左键，将图片拖放到目标幻灯片位置。

2．修改和修饰图片。

当选中需要修改的图片，【图片工具－格式】选项卡就会出现。使用其中的工具可以实现图片的调整、图片样式的选择、排列、大小的设置，如图 5－26 所示。

图 5 – 25　【插入图片】对话框

图 5 – 26　"图片工具 – 格式"选项卡

(三)插入图形对象

(1)选择【插入】→【插图】→【形状】命令,单击需要插入的形状,在幻灯片上绘制相应的图形即可。

(2)单击占位符或者选中插入的图形,选择【绘图工具 – 格式】→【插入形状】组中的相应形状,也可以绘制图形,如图 5 – 27 所示。

(3)修改图形样式和大小。在【绘图工具 – 格式】→【形状样式】组中可修改图形的样式,【大小】组中可以修改高度和宽度,【排列】组中可以编辑一个或多个图形的排列方式。选择图形,右击,在弹出的快捷菜单中选择【设置形状格式】命令,在打开的【设置形状格式】格式栏中可以进行形状和文本的各种格式设置。

(4)图形内添加文字。选择需要添加文字的图形,右击,在弹出的快捷菜单中选择【编辑文字】命令,在弹出的光标处输入需要添加的文字。

(四)插入艺术字对象

(1)单击【插入】→【文本】→【艺术字】按钮,在下拉列表中选择艺术字的样式,幻灯片

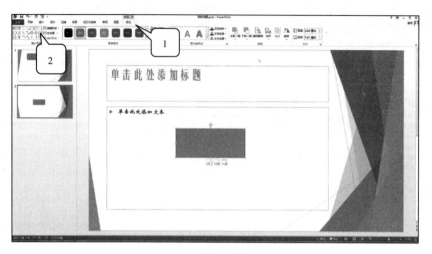

图 5 - 27　绘制图形

上将出现"请在此放置您的文字"方框,填入相应的文字,完成艺术字的添加。

(2)单击幻灯片中的占位符,会出现【绘图工具 - 格式】选项卡,选择【艺术字样式】组中的样式,可以直接在占位符中输入艺术字。

(3)修改艺术字格式。在【绘图工具 - 格式】→【艺术字样式】组里可以修改样式。

(五)插入声音和影片对象

单击【插入】→【媒体】组中的【音频】和【视频】按钮,可以实现对象的插入。

(六)使用 SmartArt 图形

单击【插入】→【插图】→【SmartArt】按钮,弹出图 5 - 28 所示的对话框。选择需要的图形,单击【确定】按钮即可。

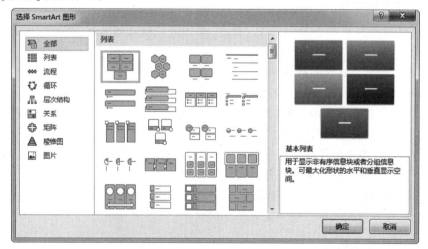

图 5 - 28　【选择 SmartArt 图形】对话框

任务实现

（一）"艺术字"的设置

（1）打开运行演示文稿"公司产品介绍.pptx"，单击选择幻灯片浏览框内的第 1 张幻灯片。

（2）单击幻灯片中的副标题"××有限责任公司"占位符，单击【插入】→【文本】→【艺术字】按钮，单击"第 2 排第 2 列"的样式，如图 5 - 29 所示。

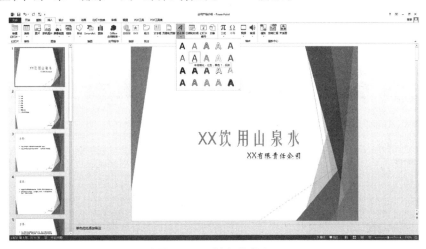

图 5 - 29　插入艺术字

（二）文本文字的修改

（1）单击选择幻灯片浏览框内的第 1 张幻灯片，单击标题占位符，在【开始】→【字体】组中设置字号为"62"；单击副标题占位符，设置字号为"32"。

（2）单击选择幻灯片浏览框内的第 2 张幻灯片，单击文本占位符，在【开始】→【字体】组中设置字号为"28"，字体颜色选择"蓝色"，如图 5 - 30 所示。

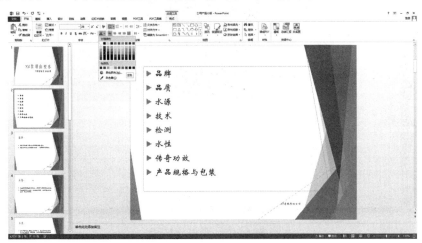

图 5 - 30　幻灯片文本文字格式修改

(三)幻灯片图片的插入

(1)单击选择幻灯片浏览框内的第 2 张幻灯片,单击【插入】→【图像】→【图片】按钮,打开【插入图片】对话框,选择图片所在目录,单击选择"mulu. jpg",单击【插入】按钮,完成图片的插入,如图 5 – 31、图 5 – 32 所示。

图 5 – 31 插入图片

图 5 – 32 插图效果

（2）按照上面的操作步骤，依次完成对第 3、5、6、7、8、10 张幻灯片的图片插入操作。

（四）图片样式的设置

（1）单击选择幻灯片浏览框内的第 2 张幻灯片，选择幻灯片中的图片，在图片右下角按住鼠标左键不放，调整图片的大小（锁定纵横比，避免图片变形），图片确定大小后松开鼠标左键。然后在图片中间按住鼠标左键，移动图片到合适的位置，如图 5-33 所示。

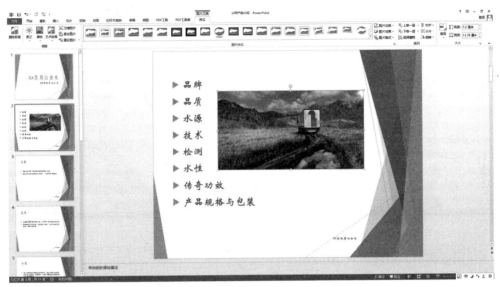

图 5-33　图片调整

（2）选择第 2 张幻灯片上的图片，单击【图片工具 - 格式】→【图片样式】→【柔化边缘椭圆】样式，完成该图片的样式设置，如图 5-34 所示。

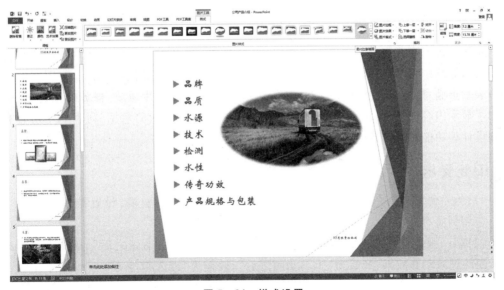

图 5-34　样式设置

（3）按照上面的操作步骤，依次完成对第3、5、6、7、8、10张幻灯片的图片的大小和位置的调整。对第5和8张幻灯片里的图片设置样式"柔化边缘椭圆"，对第10张幻灯片里的图片设置样式"棱台形椭圆、黑色"，如图5-35所示。

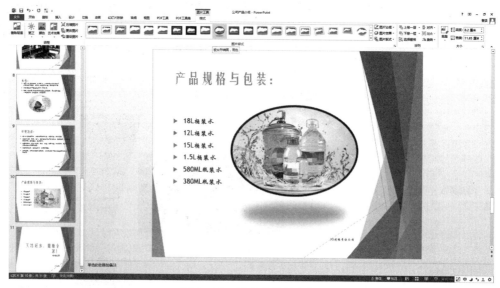

图5-35 样式设置效果图

（4）完成演示文档的编辑，存盘退出。

任务4　设计演示文稿动画效果

任务描述

张海通过同事获得符合要求的宣传图片，利用演示文稿的编辑功能将这些图片和艺术字插入幻灯片中，使幻灯片里的内容不再呆板单调。经理看过演示文稿后，对图文编辑这部分表示很满意，同时也提出了一些问题：演示文档作为幻灯片播放，播放效果过于平淡，只为了显示内容而显示，不生动、无吸引力。张海根据经理提出的意见，利用PPT所具有的动画设计等功能对幻灯片做了修改。

任务要求

（1）为"公司产品介绍.pptx"里的幻灯片设置切换效果：涟漪，设置持续时间为"01.50"，应用到所有幻灯片。

（2）第一张幻灯片标题设置进入动画效果：开始为"上一动画之后"，效果为"浮入"。副标题的进入动画效果：开始为"上一动画之后"，效果为"浮入"（下浮）。

（3）第一张幻灯片标题和副标题设置退出效果：开始为"单击时"，效果为"淡出"，持续时间为"01.00"。

（4）第二张幻灯片里的内容逐一设置进入效果："开始"设置为"上一动画之后"，效果为"浮入"。

（5）为其他幻灯片元素设置相应的动画。

（6）第二张幻灯片中的列表项依次建立超链接，分别链接相对应的幻灯片。

（7）在第三到第十张幻灯片的右下角添加两个大小适当的动作按钮"目录"和"结束"，"目录"按钮链接第二张幻灯片，"结束"按钮链接最后一张幻灯片。

相关知识

（一）添加动画效果

为了让 PPT 看起来更加生动形象，用户时常会在 PPT 中加入一些动画效果。在【动画】→【动画】组中，提供了多种动画效果，如图 5－36 所示。

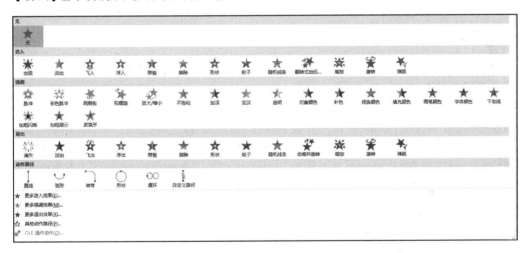

图 5－36　动画效果

这些动画效果主要作用于幻灯片中元素（包括占位符、文本框、图片等）的"进入""强调"和"退出"三个过程。

1. 设置进入动画效果

当前幻灯片播放时，幻灯片上的元素完全显示出来过程，就是"进入"过程。设置步骤：选定幻灯片中一个或者多个元素，选择【动画】→【动画】组中【进入】选项栏内的效果，即可完成设置。

2. 设置强调动画效果

当元素完全显示后，退出显示之前，就是"强调"过程。设置步骤：选定幻灯片中一个或者多个元素，选择【动画】→【动画】组中【强调】选项栏内的效果，即可完成设置。

3. 设置退出动画效果

在整张幻灯片消失之前，元素退出显示的过程，就是"退出"过程。设置步骤：选定幻灯片中一个或者多个元素，选择【动画】→【动画】组中【退出】选项栏内的效果，即可完成设置。

4. 添加动作路径。

给幻灯片设计动画运行的路径,设置步骤:选定幻灯片中一个或者多个元素,选择【动画】→【动画】组中【动作路径】选项栏内的效果,可对添加的动作路径进行编辑。

5. 设置动画方案。

在动画效果确定后,可以设置动画方案。在【动画】→【计时】组进行设置:

● "开始":列表中有"单击时"(单击鼠标左键)/"与上一动画同时"/"上一动画之后"三个选项,设置元素动画开始播放的时间节点。

● "持续时间":播放此动画的时长,时间设置越长,效果显示越慢。

● "延迟":当前动画延迟播放。

6. 调整动画播放顺序。

单击【动画】→【高级动画】→【动画窗格】按钮,打开【动画窗格】编辑栏,通过鼠标选择不同元素的动画方案,拖放到目标位置,即可调整动画的播放顺序。动画的播放顺序是自上而下运行的,每个动画方案左边都有顺序编号。

(二)设置切换幻灯片

演示文稿由一张或者多张幻灯片组成,在幻灯片切换的过程中增加一些设置,可以让演示文稿更具吸引力。

选择【切换】→【切换到此幻灯片】组中的效果,可以将所选效果应用到当前幻灯片。单击该组中的【效果选项】按钮,可以改变效果属性,如方向、颜色等。

在【切换】→【计时】组中,【声音】可以设置幻灯片切换时放出的声音;【换片方式】可以设置"单击鼠标时"和"设置自动换片时间",二者选其一或者可以同时选中;【全部应用】可以设置当前切换方式应用到演示文稿的所有幻灯片上。

(三)添加超链接

在演示文稿制作中,用户可以对幻灯片上的文字或者图片等元素设置超链接:选择需要添加超链接的文字(1个或者多个)或者图片等幻灯片上的元素,单击【插入】→【链接】→【超链接】按钮,打开【编辑超链接】对话框(见图5-37),选择需要链接的文件,单击【确定】按钮即可。

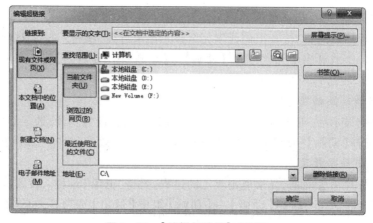

图5-37 【编辑超链接】对话框

(四)添加动作

PPT 中的动作和超链接有着异曲同工之妙。用户既可以为一个已有的对象添加动作，也可以直接添加形状中的动作按钮，这些都能实现超链接的一些功能。在幻灯片中适当添加动作按钮，然后加上适当的动作链接操作，可以方便地对幻灯片的播放进行操作。

1. 添加动作

选择需要添加超链接的文字(1 个或者多个)或者图片等幻灯片上的元素，单击【插入】→【链接】→【动作】按钮，打开【操作设置】对话框，如图 5-38 所示。

图 5-38 动作按钮的操作设置

对话框中有【单击鼠标】和【鼠标悬停】选项卡，内容设置大致一样，主要是发生单击鼠标操作和鼠标悬停在该元素上的动作时，如果设置：

- 无动作：元素本身不发生任何变化。
- 超链接到：幻灯片播放将跳转到设定的幻灯片或者打开指定文件。
- 运行程序：通过"浏览"设置需要执行的程序。
- 运行宏：启动设置的演示文稿中包含的"宏"。
- 对象动作：运行设置对象的动作。
- 播放声音：设置动作同时播放的声音。

2. 添加动作按钮

在幻灯片上用户可以添加动作按钮，方便幻灯片的播放操作。选择需要添加动作按钮的幻灯片，单击【插入】→【插图】→【形状】按钮，在下拉列表中选择【动作按钮】栏中的按钮(见图 5-39)，画出形状后，可在弹出的【操作设置】对话框(见图 5-38)中进行动作设置。

图 5 - 39　动作按钮

任务实现

(一)设置幻灯片切换方式

打开"公司产品介绍.pptx",单击【切换】→【切换到此幻灯片】组中的下拉按钮,选择下拉列表第二行的【涟漪】方式。在【切换】→【计时】组中设置持续时间为"01.50",单击【全部应用】按钮,完成所有幻灯片切换方式的设置,如图 5 - 40 所示。

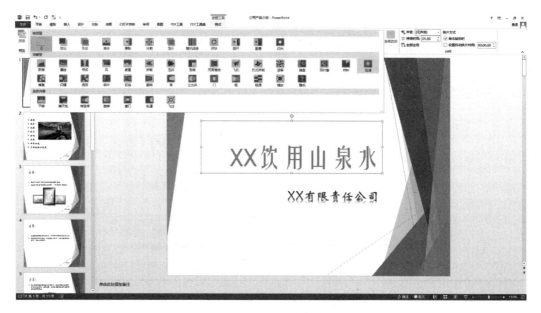

图 5 - 40　设置幻灯片切换方式

(二)设置幻灯片动画效果

(1)选择第一张幻灯片,单击标题占位符,单击【动画】→【高级动画】→【动画窗格】按钮,打开【动画窗格】编辑栏。将【计时】组中的【开始】设置为"上一动画之后",选择【动画】组里的"浮入",完成标题进入状态的动画设置。单击【播放自】按钮,预览该动画效果。如图5 - 41 所示。

(2)单击副标题占位符,将【计时】组里的【开始】设置为"上一动画之后"。选择【动画】组里的"浮入",单击【效果选项】按钮,在下拉列表中选择"下浮"。完成副标题进入状态的动画设置。单击【播放自】按钮,预览该动画效果,如图 5 - 42 所示。

图 5－41 主标题动画设置

图 5－42 副标题动画设置

（3）单击第一张幻灯片，单击【开始】→【编辑】→【选择】按钮，在下拉列表中选择【全选】命令，同时选中幻灯片中的标题和副标题两个对象。单击【动画】→【高级动画】→【添加动画】按钮，选择【退出】栏中的"淡出"效果，将【计时】组中的【开始】设置为"单击时"，【持续时间】改为"01.00"，完成两个标题退出状态的动画设置，如图 5－43 所示。

（4）选择第二张幻灯片，选择内容中的文字"品牌"，单击【动画】→【高级动画】→【动画窗格】按钮,打开【动画窗格】编辑栏。将【计时】组中的【开始】设置为"上一动画之后",选择【动画】组中的"浮入",完成进入状态的动画设置,如图 5-44 所示。按照上面的步骤依次完成后面各个内容的动画设置。

(5)依次完成后面各张幻灯片的动画设置。

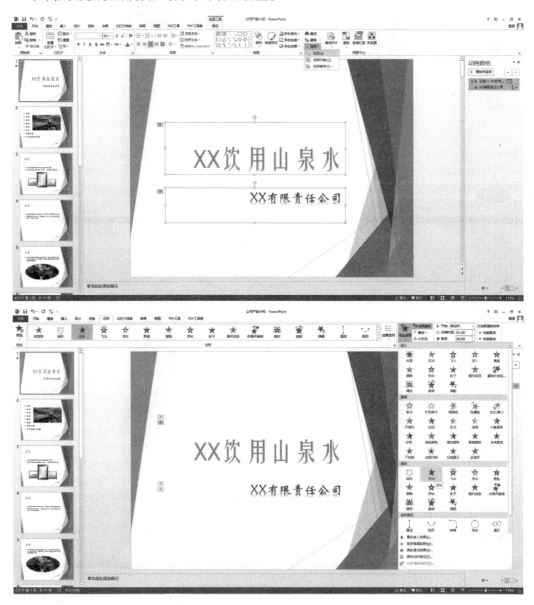

图 5-43　退出动画设置

(三)设置超链接

(1)选择第二张幻灯片,选择内容中的文字"品牌",单击【插入】→【链接】→【超链接】按钮,打开【插入超链接】对话框,如图 5-45 所示。

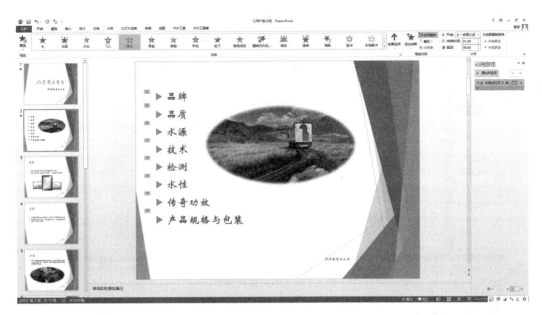

图 5 - 44 元素动画设置

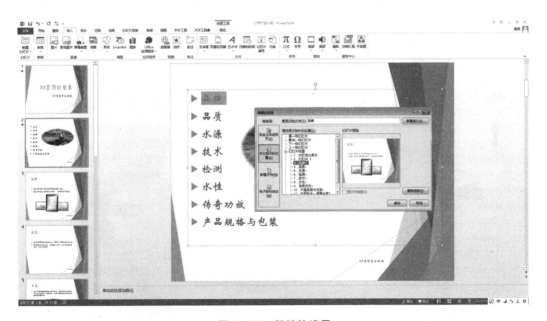

图 5 - 45 超链接设置

(2)单击【插入超链接】对话框左侧的【本文档中的位置】按钮,在【请选择文档中的位置】列表框中单击第 3 张幻灯片,单击【确定】按钮,完成该文字的超链接设置。

(3)按照上面的操作步骤,完成后面内容的超链接设置,如图 5 - 46 所示。

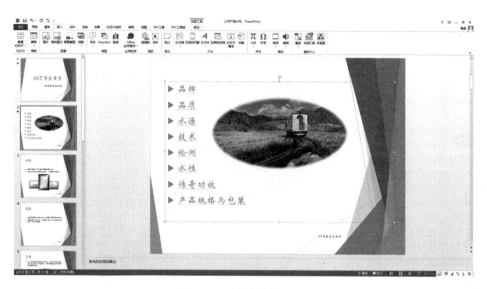

图 5-46　超链接效果图

(四)设置动作按钮

(1)选择第三张幻灯片,单击【插入】→【插图】→【形状】按钮,在弹出的下拉列表中选择【动作按钮】栏中的【动作按钮:自定义】选项,在幻灯片右下角插入按钮。在弹出的【操作设置】对话框中,将【超链接到】设置为"幻灯片…",在弹出的【超链接到幻灯片】对话框中选择第 2 张幻灯片,单击【确定】按钮。如图 5-47 所示。

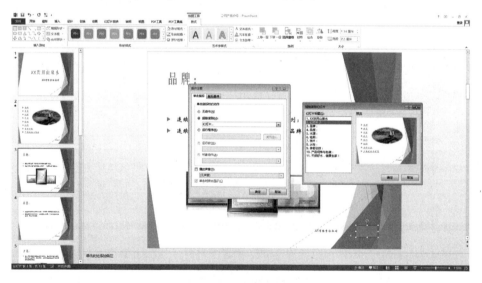

图 5-47　动作按钮:操作设置

(2)选中该按钮,在右键快捷菜单中选择【编辑文字】命令,在按钮中输入"目录"。用同样的步骤做出链接到最后一张幻灯片的"结束"按钮。

(3)同时选择"目录"和"结束"两个按钮,在【绘图工具-格式】→【大小】组中,设置高度为 0.9 厘米,宽度为 2 厘米。在【排列】组中设置对齐方式为"底端对齐"。如图 5 - 48 所示。

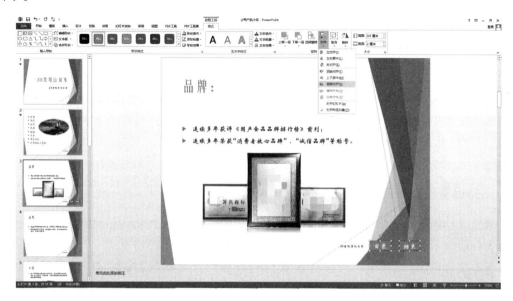

图 5 - 48　按钮文字编辑

(4)按照同样的步骤,或者直接将这两个按钮复制到其他幻灯片上(前提是按钮的超链接对象一致,如果不一致,复制完成后还需要对按钮的文字和超链接对象进行修改),完成第 4～10 张幻灯片的按钮设置。

(5)存盘退出。

任务5　放映与输出演示文稿

任务描述

张海添加了动画设计等内容的演示文稿再次得到了陈经理的认可,演示文稿具体的内容已经制作完毕。陈经理打算在会议上给张海 10 分钟的时间向经销商和客户介绍公司产品。张海为了能在会议上顺利地完成任务,他准备在计算机上放映预演一下,以免出现意外。

任务要求

张海设置了演示文稿的放映效果,具体如下:

(1)自定义幻灯片播放方式:我的放映,幻灯片放映顺序为:1—2—3—4—5—7—6—8—9—10—11。设置自定义放映为"我的放映"。

(2)设置放映方式。选择放映类型"演讲者播放"。

(3)进行 10 分钟内排练计时。

（4）将演示文稿打印出来,要求一页纸上6张幻灯片水平放置。

相关知识

（一）隐藏幻灯片

对于现有的幻灯片在放映过程中不会显示出来,可以将其设置为隐藏模式。在演示文稿的"幻灯片/大纲"浏览窗格中或者在"幻灯片浏览"视图中,对需要隐藏的幻灯片右击,在弹出的快捷菜单中选择"隐藏幻灯片";或者单击【幻灯片放映】→【设置】→【隐藏幻灯片】按钮,即可将此幻灯片设置为隐藏模式(此幻灯片在视觉效果上变白,类似文件的隐藏效果)。

（二）设置放映方式

演示文稿的整个制作效果需要通过放映才能表现出来,在 PowerPoint 2013 中用户可以根据实际的演示场合选择不同的幻灯片放映类型,PowerPoint 2013 提供了 3 种放映类型。其设置方法为单击【幻灯片放映】→【设置】→【设置幻灯片放映】按钮,打开【设置放映方式】对话框,在【放映类型】栏中单选相应的放映类型,如图 5－49 所示,设置完成后单击"确定"按钮。

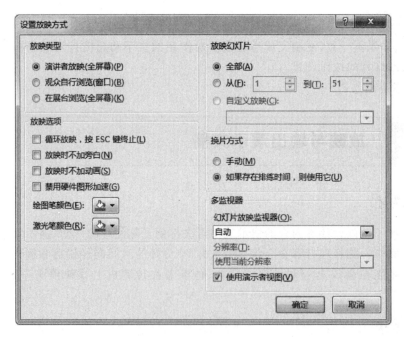

图 5－49　设置放映方式

各种放映类型的作用和特点如下。

（1）演讲者放映(全屏幕)。演讲者放映(全屏幕)是默认的放映类型,此类型将以全屏幕的状态放映演示文稿,在演示文稿放映过程中,演讲者具有完全的控制权,演讲者可手动切换幻灯片和动画效果,也可以将演示文稿暂停,添加会议细节等,还可以在放映过程中录下旁白。

（2）观众自行浏览（窗口）。此类型将以窗口形式放映演示文稿，在放映过程中可利用滚动条、【PageDown】键、【PageUp】键对放映的幻灯片进行切换，但不能通过单击鼠标放映。

（3）在展台浏览（全屏幕）。此类型是放映类型中最简单的一种，不需要人为控制，系统将自动全屏循环放映演示文稿。使用这种类型时，不能单击鼠标切换幻灯片，但可以通过单击幻灯片中的超链接和动作按钮来进行切换，按【Esc】键可结束放映。

（三）设置放映时间

用户可根据实际情况设置每张幻灯片的放映时间，实现演示文稿的自动放映。具体操作步骤：

（1）单击【幻灯片放映】→【设置】→【排练计时】按钮，在弹出的【录制】命令框里进行设置，如图 5 - 50 所示。在时间框内设置具体的时间，按【Enter】键确认当前幻灯片放映时间，同时切换到下一张幻灯片的设置。或者可以让时间自动进行，按【→】按钮完成当前幻灯片的时间设置并切换到下一张幻灯片。当设置完成后，按【Esc】键提示保存排练时间并退出设置。

图 5 - 50　录制

（2）单击【幻灯片放映】→【设置】→【录制幻灯片演示】按钮，实现整篇演示完稿放映过程的排练录制，包括每张幻灯片的时间、播放旁白等。

（3）当用户保存排练时间后，单击【幻灯片放映】→【设置】→【设置幻灯片放映】按钮，打开【设置放映方式】对话框，在【换片方式】栏中选择"如果存在排练时间，则使用它"，单击【确定】按钮。

（四）输出演示文稿

在 PowerPoint 2013 中，除了可以将制作的文件保存为演示文稿，还可以将其输出成其他多种格式。操作方法比较简单：

第一种方法：选择【文件】→【另存为】命令，打开【另存为】对话框，选择文件的保存位置，在"保存类型"下拉列表中选择需要输出的格式选项，单击【保存】按钮即可。

第二种方法：选择【文件】→【导出】命令，用户可以根据需要创建 PDF/XPS 文档（内容不能轻易修改）、创建视频（包含录制的旁白、计时等）、将演示文稿打包成 CD、创建讲义。

下面讲解 4 种常见的输出格式。

（1）图片。选择"GIF 可交换的图形格式（ * . gif）""JPEG 文件交换格式（ * . jpg）""PNG 可移植网络图形格式（ * . png）"或"TIFF Tag 图像文件格式（ * . tif）"选项，单击【保存】按钮，根据提示进行相应操作，可将当前演示文稿中的幻灯片保存为一张对应格式的图片。如果要在其他软件中使用，还可以将这些图片插入对应的软件中。

（2）视频。选择"Windows Media 视频（ * . wmv）"选项，可将演示文稿保存为视频，如果在演示文稿中排练了所有幻灯片，则保存的视频将自动播放这些动画。保存为视频文件后，文件播放的随意性更强，不受字体、PowerPoint 版本的限制，只要计算机中安装了视频播放软件,就可以播放,这对于一些需要自动展示演示文稿的场合非常实用。

(3)自动放映的演示文稿。选择"PowerPoint 放映(＊.ppsx)"选项,可将演示文稿保存为自动放映的演示文稿,以后双击该演示文稿将不再打开 PowerPoint 2010 的工作界面,而是直接启动放映模式,开始放映幻灯片。

(4)大纲文件。选择"大纲/RTF 文件(＊.rtf)"选项,可将演示文稿中的幻灯片保存为大纲文件,生成的大纲 RTF 文件中不再包含幻灯片中的图形、图片以及插入幻灯片的文本框中的内容。

任务实现

(一)自定义放映方式

张海在检查幻灯片的过程中发现目录顺序和实际对应的幻灯片顺序不一致,于是他在不想改变目录顺序或者幻灯片实际顺序的基础上,利用幻灯片放映方式的调整,达到同步的效果。

(1)单击【幻灯片放映】→【开始放映幻灯片】→【自定义幻灯片放映】按钮,在弹出的列表中选择【自定义放映】命令,打开"自定义放映"对话框。

(2)单击【新建】按钮,打开【定义自定义放映】对话框。在【幻灯片放映名称】中输入"我的放映"。在左边【在演示文稿中的幻灯片】选项框中选中所有的幻灯片,单击【添加】按钮,将其全部添加到右边【在自定义放映中的幻灯片】选项框。

(3)选择"7.技术…"这张幻灯片,然后单击【↑】按钮,实现原第7和第6张幻灯片的调换。最后单击【确定】按钮,完成自定义放映的设置,如图5-51 所示。

图 5 - 51   定义自定义放映

(4)单击【幻灯片放映】→【设置】→【设置幻灯片放映】按钮,打开【设置放映方式】对话框,在【放映幻灯片】组里选中【自定义放映】单选按钮,在下拉列表中选择【我的放映】选项,单击【确定】按钮完成设置,如图5-52 所示。

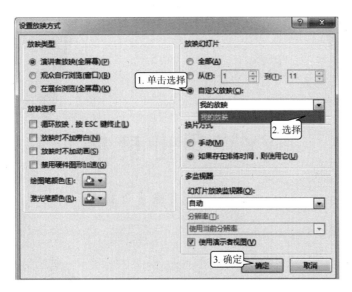

图 5－52　设置放映方式

（5）单击【幻灯片放映】→【设置】→【设置幻灯片放映】按钮，打开【设置放映方式】对话框，选择放映类型"演讲者放映（全屏幕）"。单击【确定】按钮完成设置。

（二）排练计时

对于某些需要自动放映的演示文稿，可以设置排练计时，从而在放映时可以根据排练的时间和顺序进行放映。张海通过设置排练计时，确保能在 10 分钟内完成放映。其具体操作如下。

（1）单击【幻灯片放映】→【设置】→【排练计时】按钮，进入放映排练状态，同时打开【录制】工具栏自动为该幻灯片计时，如图 5－53 所示。

（2）通过单击或者按【Enter】键控制幻灯片中下一个动画出现的时间，如果用户确认该幻灯片的播放时间，可直接在【录制】工具栏的时间框中输入时间值。

（3）一张幻灯片播放完成后，单击切换到下一张幻灯片，【录制】工具栏中的时间将从头开始为该幻灯片的放映计时，但原已放映的幻灯片总时间仍会继续累计。

（4）放映结束后，打开提示对话框，提示排练计时时间，并询问是否保留幻灯片的排练时间，单击【是】按钮进行保存。

（5）打开"幻灯片浏览"视图样式，在每张幻灯片的左下角将显示幻灯片的播放时间。

（6）如果不想使用排练好的时间自动放映该幻灯片，可取消选择【幻灯片放映】→【设置】→【使用计时】复选框，在放映幻灯片时就能手动进行切换了。

（三）打印演示文稿

张海做的演示文稿，不仅需要在现场演示，同时应当打印在纸张上，手执演讲或者分发给观众作为演讲提示等。下面将做好的演示文档打印出来，要求一页纸上显示 6 张幻灯片，具体操作如下。

图 5 - 53　排练计时

（1）选择【文件】→【打印】命令，在窗口右侧的【份数】文本框中输入"15"，即打印15 份。

（2）在【整页幻灯片】下拉列表框中选择【讲义】栏中的【6 张水平放置的幻灯片】，勾选下方的【幻灯片加框】、【根据纸张调整大小】选项，如图 5 - 54 所示。

图 5 - 54　打印界面

（3）单击【打印】按钮，开始打印幻灯片。

（4）单击【保存】按钮，完成存盘操作。

项目六

学习 Access 数据库

项目引言

  21 世纪是数字化,走向数据库化,进而走向智能化的时代,数据需要保存在数据库中并加以利用才有可能发挥其价值。本项目将通过完成 4 个任务,学习关系数据库的基本概念,了解 Access 2013 软件基本操作,学习创建表格和定义字段,掌握创建和使用查询的方法。

学习目标

- 学习关系数据库的基本概念。
- 了解 Access 2013 软件基本操作。
- 熟练创建数据库和表格。
- 熟练创建和使用查询。

关键知识点

- 掌握创建数据库二维表操作。
- 掌握设置字段属性操作。
- 掌握创建和使用查询。

任务 1   了解关系数据的基本概念和 Access 2013 软件的基本操作

任务描述

  小张为了提高自己的就业竞争力,决定参加全国计算机等级考试(二级),考试科目是 Access 数据库。由于距离考试时间比较短,小张打算学习基础的数据库概念和知识来应对理论部分的考试。同时小张也在自己的计算机上安装了 Access 2013 软件,开始熟悉 Access

2013 软件的基本操作。包括了解 Access 2013 软件的基本情况、启动和关闭 Access 软件、熟悉 Access 操作界面、打开 Access 数据库文件。

任务要求

学习数据库、关系数据库、二维表、记录、字段和主键的概念；了解 Access 2013 软件；学会启动和关闭 Access；熟悉 Access 操作界面；学会打开 Access 数据库文件操作。

相关知识

(一)数据管理技术的发展

从数据管理的角度看，数据库技术到目前共经历了人工管理阶段、文件系统阶段和数据库系统阶段。

1. 人工管理阶段

这个时期计算机主要用于科学计算，一般不需要将数据长期保存，只在进行计算时将指令和数据输入，计算完成后不保存原始数据，也不保存结果。数据的存储方式和结构由程序员自行设计。数据与程序的不一致性，以及数据存储结构的改变会迫使程序员修改程序。

2. 文件系统阶段

在文件系统阶段，数据可以长期保存多次使用，数据与程序之间有了一定的独立性，读取文件可以是顺序访问，也可以是直接访问。

3. 数据库系统阶段

在数据库系统阶段，数据管理采用复杂的结构化数据模型，数据与程序之间具有较高的独立性，数据冗余极大减少，数据管理控制功能相对完备。

(二)数据库的概念

数据库(Database)是"按照数据结构来组织、存储和管理数据的仓库"。数据库是一个长期存储在计算机内的、有组织的、可共享的、统一管理的大量数据的集合。目前绝大部分的计算机系统都使用数据库来存储数据。

(三)数据库管理系统的概念

数据库管理系统(Database Management System,DBMS)是一种操纵和管理数据库的大型软件。DBMS 用于建立、使用和维护数据库。用户或数据库管理员对数据的访问和操作都是通过数据库管理系统完成的。

(四)关系数据库管理系统

数据库的种类很多，关系数据库是当前数据库应用的主流。许多数据库管理系统的数据模型都是基于关系数据模型开发的，比如当前主流的数据库管理系统产品 Oracle、SQL Server、DB2、MySQL 等,Access 也是一种关系数据库管理系统。

（五）二维表的概念

在关系数据库中,数据存放在一个或者若干个二维表(也称为关系)中,一个数据库通常包含很多个二维表。比如,小张所在学校的学生管理数据库可以包含若干个二维表,其中学生的个人信息可以放在一个二维表中,学生个人信息包括学号、姓名、性别、出生日期、身份证号、家庭住址、身高。学生个人信息表见表6－1(注:姓名、身份证号、家庭住址皆为虚构)。

表 6－1　学生个人信息二维表

学号	姓名	性别	出生日期	身份证号	家庭住址	身高
020135	张三	男	2000/1/17	4501032000011700XX	广西南宁市民族大道1号	175
020197	李四	女	2001/11/23	4502052001112302XX	广西柳州市龙城路1号	159
020180	王五	男	2000/12/3	4503022000120300XX	广西桂林市象山路1号	169

（六）记录的概念

二维表中的一行称为一条记录,又称一个元组。在表6－1中,学生个人信息二维表存放3名学生的个人信息数据,即学生个人信息二维表包含3条记录。二维表中记录(行)的顺序可以任意颠倒,列的顺序也可以任意颠倒。二维表中的任意两行不能完全相同。

（七）字段的概念

二维表的每一列称为一个字段,或者称为属性。表6－1中有7个属性,包括学号、姓名、性别、出生日期、身份证号、家庭住址、身高,分别对应学生某个方面的信息。

（八）主键的概念

在二维表中,为了使得二维表内的任意两条记录不完全相同,可以选取一个或若干个字段作为区分记录不相同的标识,选取的一个或若干个字段称为主键。如在表6－1中,可以选取"学号"字段作为主键,也可以选取"身份证号"字段作为主键。即任意两条记录中学号或身份证号字段的值不能相同,其他字段的值可以相同。

技巧:

➢ 二维表中记录条数是有限的。

➢ 二维表中记录不能完全相同。

➢ 二维表中记录的顺序可以任意交换。

➢ 二维表中记录的属性值不可分割。

➢ 二维表中字段名不能相同。

➢ 二维表中字段的顺序可任意交换。

（九）文件扩展名

文件扩展名(Filename Extension)也称文件的后缀名,是操作系统用来标记文件类型的一种机制。操作系统使用扩展名来识别文件属于哪种类型,使用哪种软件来打开。

任务实现

（一）Access 2013 软件介绍

Access 是由微软公司发布的关系数据库管理系统。Access 是一个把数据库引擎图形用户界面和软件开发工具结合在一起的数据库管理系统,是 Microsoft Office 办公软件的组件之一。MS ACCESS 将数据存储在数据库里。2012 年 12 月 4 日,微软 Office Access 2013 在微软 Office 2013 里发布,之前的版本有微软 Office Access 2010,微软 Office Access 2007 和微软 Office Access 2003,之后的版本有微软 Office Access 2016 和微软 Office Access 2019。

（二）启动和关闭 Access 2013

1. 启动 Access 2013

启动 Access 2013 有四种方法。

(1)选择【开始】→【所有应用】→【Microsoft Office 2013】→【Access 2013】命令,启动 Access 2013 软件。

(2)在桌面双击"Access 2013"快捷方式,启动 Access 2013 软件。

(3)在 Access 2013 安装目录[默认安装位置 C:\Program Files (x86)\Microsoft Office\Office15]双击"MSACCESS.exe",启动 Access 2013 软件。

(4)双击任意一个 Access 数据文件,如扩展名是 mdb 或者 accdb 的文件,启动 Access 2013 软件。

（三）熟悉 Access 2013 操作界面

启动 Access 2013 软件,如图 6－1 所示。

在该界面截图后标注 A、B、C、D、E 部分,如图6－2所示,下面对标注部分分别进行说明。

A:新建 Web 应用程序,使用 Access 2013 可以很轻松地创建 Web 应用程序。

B:新建空白的 Access 数据库,这部分是本课程的重点内容。

C:以前打开过的 Access 文件的记录,便于再次打开。

D:可以通过指定具体位置来打开文件。

E:使用模板来创建某些通用的数据库。

（四）打开 mdb 或 accdb 文件

Access 数据库的数据文件有两种扩展名:mdb 和 accdb。mdb 是 Access 2003(含)之前版本的数据文件的扩展名,从 Access 2007 开始,Access 数据文件的扩展名变为 accdb。两种格式的数据文件都可以用 Access 2013 打开。

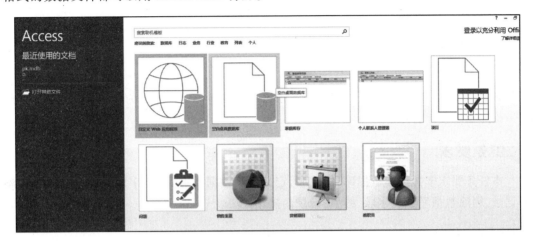

图 6-1　Access 启动界面

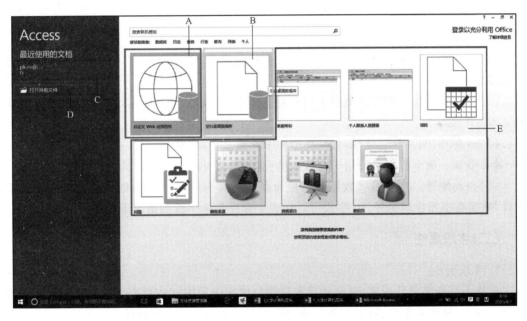

图 6-2　Access 界面标注图

要打开一个 mdb 或 accdb 文件,可以在安装有 Access(Access 2007 及以后版本)的计算机上,双击 mdb 或 accdb 文件打开。

技巧:

➤ 在图 6-2 所示的工作区域上方,按照需求进行搜索,可以找到大量可以直接使用的模板,加快数据库或 Web 应用程序的创建速度,使创建的数据库或 Web 应用程序更快捷、更规范。

任务2　创建 Access 数据库和表格

任务描述

熟悉 Access 2013 基本操作以后,小张很迫切地希望将学校同学的信息和其他数据存放到数据库中以便于管理。

任务要求

本任务要求掌握创建数据库,创建表,定义字段数据类型,设置字段属性,设置主键,添加记录,删除数据库、表、字段、约束、记录的操作方法。

相关知识

(一)Access 常用的数据类型

Access 常用的数据类型如下:

(1)短文本。短文本数据类型用于存放简短的字符、文字、数字(不用于计算),长度为 0 ~ 255个字符。

(2)长文本。长文本数据类型用于存放长的字符、文字、数字(不用于计算),可以存储的文本达千兆字节。

(3)日期/时间。日期/时间数据类型用于存储基于时间的数据。

(4)数字。数字数据类型用于存放数值,这些数值可能会用来计算。

(5)自动编号。自动编号数据类型使每条记录具有唯一性。新创建的表自动生成 ID 字段,数据类型即自动编号,ID 字段可以在表中存在其他字段的情况下删除。

(二)字段属性

1. 字段大小

字段大小即字段的长度,该属性用来设置存储在字段中文本的最大长度或数字的取值范围。因此,只有文本型、数字型和自动编号型字段才有字段大小属性。

2. 字段格式

字段的"格式"属性用来确定数据在屏幕上的显示方式以及打印方式,从而使表中的数据输出有一定的规范,浏览、使用更为方便。

3. 输入掩码

输入掩码属性用来设置字段中的数据输入格式,并限制不符规格的文字或符号输入。输入掩码适用于输入固定格式的数据,如学号、电话号码、日期、邮政编码等。

Access 基本的输入掩码规则如下:

0:必须输入数字(0 ~ 9)。如掩码"0000"代表必须输入 4 位数字。

9：可选择输入数字或空格。如掩码"9999"代表可以选择输入 0 – 4 位的数字或空格。

L：必须输入字母（A ~ Z）。如掩码"LLLL"代表必须输入 4 位字母组成的字符串。

" "：自动输入" "中的字符。如掩码"02"代表自动输入"02"。

4. 默认值

当某个属性值大量重复时，可以使用默认值，避免大量的重复输入工作，改由系统自动填入。

5. 验证规则

验证规则是一个与字段或记录相关的表达式，提供数据有效性检查。建立验证规则时，必须创建一个有效的 Access 表达式，以此来控制输入数据表中的数据，使其符合规范。

任务实现

（一）创建数据库

在 Access 2013 里可以创建新的数据库来组织和管理数据。在 Access 启动界面，选择"空白桌面数据库"，会弹出图 6 – 3 所示的对话框。

在"创建空白桌面数据库"对话框中可以输入数据库的名称"test. accdb"（注：数据库文件的扩展名. accdb 不能修改），并且选择新创建数据库文件的存储位置"E：\"。如图 6 – 4 所示。

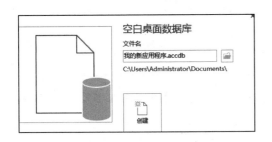

图 6 – 3　创建空白桌面数据库

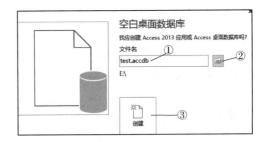

图 6 – 4　设置数据库名称和数据库文件存放位置

单击【创建】按钮，就完成了数据库的创建。

（二）创建表

在创建好数据库 test. accdb 后，会自动打开数据表视图，并自动创建"表 1"。也可以打开数据库 test. accdb 后，单击【创建】→【表格】→【表】按钮，打开数据表视图，并自动创建"表 1"，如图 6 – 5、图 6 – 6 所示。

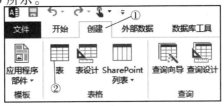

图 6 – 5　使用菜单栏创建表

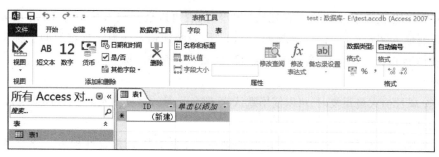

图 6 - 6　数据表视图

1. 定义字段数据类型

创建表前应先确定字段数量并为字段选择合适的数据类型。例如在表 6 - 1 学生信息表中,字段数量为 7,7 个字段的字段数据类型选择见表 6 - 2。

表 6 - 2　学生信息表字段的数据类型

字　段　名	字段数据类型
学号	短文本
姓名	短文本
性别	短文本
出生日期	时间和日期
身份证号	短文本
家庭住址	短文本
身高	数字

新创建好的表只有一个 ID 字段,单击其右边的【单击以添加】可以添加字段,并选择字段的数据类型,如图 6 - 7 所示。

图 6 - 7　选择字段数据类型

新添加的字段会以"字段 1""字段 2"……的形式命名,为了便于识别,可以右击某个字段,在弹出的快捷菜单中选择【重命名字段】命令。对"表 1"的 7 个字段按照表 6 - 2 分别选择数据类型并重命名。"表 1"各字段重命名完成后如图 6 - 8 所示。

图 6 - 8　学生信息表字段重命名完成

2. 插入记录

按照表 6 - 1 的内容将 3 条学生信息逐行填入"表 1"中(ID 字段的值自动填入),完成情况如图 6 - 9 所示。

ID	学号	姓名	性别	出生日期	身份证号	家庭住址	身高
1	020135	张三	男	2000/1/17	4501032000011700XX	广西南宁市民族大道1号	175
2	020197	李四	女	2001/11/23	4502052001112302XX	广西柳州市龙城路1号	159
3	020180	王五	男	2000/12/3	4503022000120300XX	广西桂林市象山路1号	169

图 6 - 9　学生信息表插入 3 条记录

记录插入完成后,单击"快速启动"工具栏中的【保存】按钮,提示是否将"表 1"重命名("表 1"是一个临时的名字)。现将"表 1"命名为"学生信息表"。

3. 定义主键

为了使二维表中任意两条记录不完全相同,需要选择某个字段或某几个字段作为主键。在"学生信息表"中,ID 字段是自动生成的,默认作为主键。可以选择其他字段作为主键,如"学号"或者"身份证号"。选择某个字段作为主键需要单击 Access 工作窗口右下角的设计视图图标 ,切换到"学生信息表"的设计视图。

在"学生信息表"的设计视图可以看到,"ID"字段的左侧灰色区域有一个钥匙图标,表明"学生信息表"当前的主键是 ID 字段。如果选择"学号"字段作为主键,可以在【学号】右键快捷菜单中选择【主键】选项,此时 ID 字段左侧的钥匙图标消失,在"学号"字段左侧灰色区域出现钥匙图标,表明当前主键已变更为"学号"字段。如果选择两个或两个以上的字段作为主键,可以在按住【Ctrl】键的同时,单击需要选取的字段左侧区域,选中两个或两个以上字段,右击,在快捷菜单中选择【主键】选项,这时选中的字段左侧区域均会出现钥匙图标。现将"学生信息表"的主键设置为"学号"字段,如图 6 - 10 所示。

字段名称	数据类型
ID	自动编号
学号	短文本
姓名	短文本
性别	短文本
出生日期	日期/时间
身份证号	短文本
家庭住址	短文本
身高	数字

图 6 - 10　将"学号"字段设置为主键

4.设置字段属性

设置好字段的数据类型后,还要根据需要对部分字段属性进行设置。例如,学号字段只能输入以"02"开始的6位字符,性别字段只能输入"男"或"女",身高(单位:厘米)字段输入数字范围为60~210等。

(1)设置学号字段的属性:在图6-11所示的Access对象窗口右击"学生信息表",在弹出的快捷菜单中选择【设计视图】命令,进入表的设计视图,单击"学号"字段,在字段属性的常规标签下,将字段大小设置为6,输入掩码设置为:"02"0000,如图6-12所示。

图6-11　Access 对象窗口

常规 查阅	
字段大小	6
格式	
输入掩码	"02"0000

图6-12　学号字段属性设置

图6-12中的"学号"字段输入掩码"02"0000代表自动输入"02",之后必须在"02"后面输入4位数字。

(2)设置"性别"字段的属性:在表的设计视图中单击"性别"字段,在字段属性的常规标签下,字段大小设置为1,验证规则设置为:"男"Or"女",如图6-13所示。

(3)设置"身高"字段的属性:在表的设计视图中单击"身高"字段,在字段属性的常规标签下,字段大小设置为"整型",小数位数设置为0,默认值设置为空,验证规则设置为:>=70 And <=210,如图6-14所示。

常规 查阅	
字段大小	1
格式	
输入掩码	
标题	
默认值	
验证规则	"男" Or "女"

图6-13　"性别"字段属性设置

常规 查阅	
字段大小	整型
格式	
小数位数	0
输入掩码	
标题	
默认值	
验证规则	>=70 And <=210

图6-14　身高属性设置

学号、性别、身高字段属性设置完后,单击右下角【数据表视图切换】图标，提示"必须先保存表",选择"是",切换到数据表视图。输入一条记录"020177,陈六,男,1999/09/26,45050219990926XXXX,玉林市玉州区人民东路17号,173"。输入学号时,学号已经自动填入"02",如图6-15所示。

图6-15　"学号"字段
属性设置完成后
系统自动填入值

尝试将学号"020177"输入成"02017A",发现始终无法输入成功。

尝试将性别输入成"南",字段验证失败,得到图 6 - 16 所示的提示。

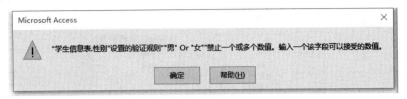

图 6 - 16 "性别"字段验证失败提示

尝试将身高输入成"1730",字段验证失败,得到图 6 - 17 所示的提示。

图 6 - 17 "身高"字段验证失败提示

(三)建立表的关系

出于数据库设计的需要,一个数据库经常包含很多个表,表之间需要建立关系。Test. accdb 数据库原来只有"学生信息表",现需要增加一个反映学生在图书馆借阅情况的"借书表",表结构见表 6 - 3。

表 6 - 3 借书表

字 段 名	字段数据类型
学号	短文本(长度 6)
书号	短文本
借阅时间	日期/时间

"借书表"的主键是学号、书号、借阅时间三个字段的组合。在 test. accdb 数据库创建"借书表",按照表 6 - 3 添加 3 个字段并设置好字段数据类型如图 6 - 18 所示。

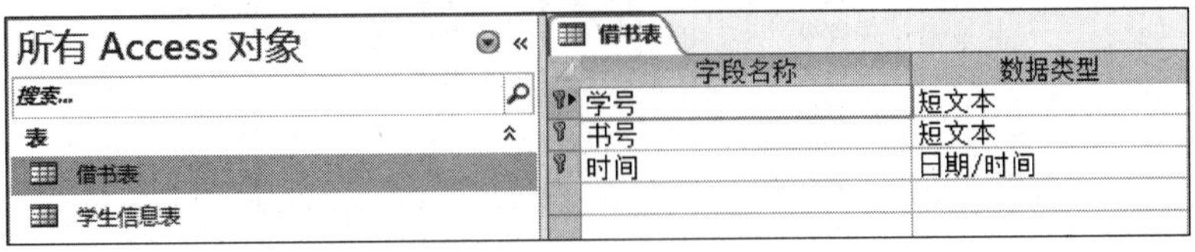

图 6 - 18 创建"借书表"

为避免把某个在"学号信息表"学号字段不存在的学号值输入"借书表"的情况,"学生信息表"的学号字段与"借书表"的学号字段需要建立关系。单击【数据库工具】→【关系】组中的【关系】按钮,打开【关系工具 - 设计】选项卡,单击【显示表】按钮,在弹出的【显示表】对话框的【表】标签下选择"学生信息表",单击【添加】按钮,再选择"借书表",单击【添加】按钮,单击【关闭】按钮。此时关系的设计视图中添加有"学生信息表"和"借书表",如

图 6-19 所示。

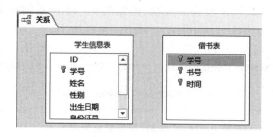

图 6-19　关系视图添加"学生信息表"和"借书表"

选中"学生信息表"的"学号"字段,一直按住左键将其拖到"借书表"的"学号"字段上方再放开鼠标左键。此时打开【编辑关系】对话框,如图 6-20 所示。勾选【实体参照完整性】复选框,单击【创建】按钮,"学生信息表"的学号字段与"借书表"的学号字段之间关系创建完成,如图 6-21 所示。

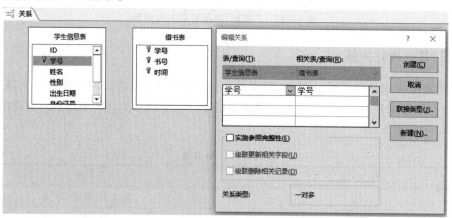

图 6-20　【编辑关系】对话框

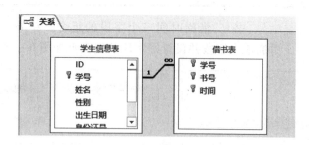

图 6-21　关系建立完成

(四)删除记录

要删除数据表中的某条记录,可以在打开数据表后右击需要删除的记录最左边的灰色方块,在弹出的快捷菜单中选择【删除记录】命令,即可删除该条记录。

（五）删除字段

在数据表视图右击需要删除的字段,在弹出的快捷菜单中选择【删除字段】命令,即可删除字段;或者在设计视图右击要删除的字段,在弹出的快捷菜单中选择【删除行】命令,即可删除字段。但是要注意:删除主键(如 ID 列)需要在【关系工具 – 设计】选项卡下操作。现删除 ID 字段,此时"学生信息表"字段与表 6 – 1 字段一一对应。

（六）删除表

在 Access 对象浏览窗口右击要删除的表,在弹出的快捷菜单中选择【删除】命令,即可删除数据表。

（七）删除数据库

找到数据库 Accdb 文件所在的目录,像删除普通文件一样删除 accdb 文件,即可删除数据库。

任务 3　创建与使用查询

任务描述

新学年开始,新生必须在规定的五天时间内报到。小张把新生信息存放进 test. accdb 数据库的"学生信息表"(假定原来表中的信息为新生信息)。地方武装部来学校查询符合一定条件(男性,身高 170 cm 以上,出生日期在 2000 年 1 月 1 日以后,身份证所在地是南宁市)的新生信息,以便于提前做好征兵工作。

任务要求

为了及时掌握情况,武装部要求小张每天晚上汇报一次符合条件的新生信息。

相关知识

Access 查询的概念

查询是一个独立的、功能强大的、具有计算功能和条件检索功能的数据库对象。在 Access 数据库可以使用查询完成查找、计算统计、添加、删除或更改数据。本任务只介绍基础的选择查询。选择查询就是从记录集选取符合条件记录的操作,在本任务中即从所有新生的学生信息中选取符合"男性,身高 170 cm 以上,出生日期在 2000 年 1 月 1 日以后,身份证所在地是南宁市"条件学生信息的操作。本例中,选择查询操作完成的工作通过 Access 数据表视图下的筛选功能也可以实现,操作和筛选 Excel 表格一样。但是筛选操作重复而繁琐;对比使用查询只需要创建一次即可多次使用,因此在本任务中使用查询更为合适。

任务实现

（一）创建查询

单击【创建】→【查询】→【查询向导】按钮，打开【新建查询】对话框，选择【简单查询向导】选项，打开【简单查询向导】对话框，如图6－22所示。

在【表/查询】下拉列表中选择创建查询需要使用的表，即"表：学生信息表"，单击"＞＞"图标选择"学生信息表"所有字段，单击【下一步】按钮，选择"明细"，单击【下一步】按钮，更改查询名称为"武装部查询"，选择【修改查询设计】命令，单击【完成】按钮，打开查询的设计视图，如图6－23所示。

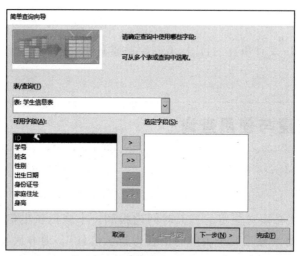

图6－22　【简单查询向导】对话框

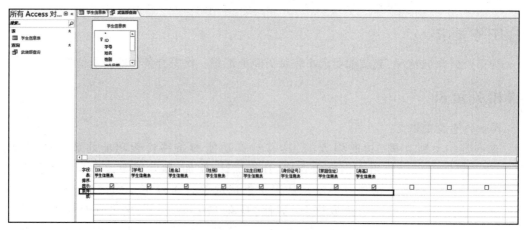

图6－23　查询的设计视图

在查询的设计视图字段对应的"条件"（图6－23黑框区域）处输入查询的条件：性别字段：男；出生日期：＞2000－01－01；身份证号：like"4501＊"；身高：＞170。切换到查询的数据表视图,如图 6 – 24 所示。

图 6 – 24 查询的数据表视图

学生信息表中符合条件的新生信息被正确地选取出来了。

(二)使用查询

当有新生来报到录入新数据后,可以随时执行查询查看符合条件的新生信息。如插入数据"020199,黄一一,男,1999/12/26,45010219991226XXXX,南宁市人民东路 37 号,172","020179,李一,男,2000/07/25,45011220000725XXXX,南宁市横县横州镇宝华中路 6 号,170","020191,刘九,男,2001/02/16,45010220010216XXXX,南宁市东葛路 17 号,171"。输入完数据之后,学生信息表如图 6 – 25 所示,在 Access 对象浏览窗口双击运行"武装部查询",可以得到当前满足条件的新生信息,如图 6 – 26 所示。

ID	学号	姓名	性别	出生日期	身份证号	家庭住址	身高
1	020135	张三	男	2000/1/17	45010320000117700XX	广西南宁市民族大道1号	175
2	020197	李四	女	2001/11/23	4502052001112302XX	广西柳州市龙城路1号	159
3	020180	王五	男	2000/12/3	45030220001203000XX	广西桂林市象山路1号	169
14	020177	陈六	男	1999/9/26	45050219990926XXXX	玉林市玉州区人民东路17号	173
15	020199	黄一一	男	1999/12/26	45010219991226XXXX	南宁市人民东路37号	172
16	020179	李一	男	2000/7/25	45011220000725XXXX	南宁市横县横州镇宝华中路	170
17	020191	刘九	男	2001/2/16	45010220010216XXXX	南宁市东葛路17号	171
*	(新建)						

图 6 – 25 插入新数据后学生信息表

ID	学号	姓名	性别	出生日期	身份证号	家庭住址	身高
17	020191	刘九	男	2001/2/16	45010220010216XXXX	南宁市东葛路17号	171
1	020135	张三	男	2000/1/17	45010320000117700XX	广西南宁市民族大道1号	175
*	(新建)						

图 6 – 26 插入新数据后运行"武装部查询"结果